甘肃省科技计划项目（24JRZA054）
甘肃省教育科技创新项目（2023B-060）
西北民族大学人才培养质量提升项目（2023WZY-03）
西北民族大学创新业教育改革项目（2023XJCXCYJGXM26）
西北民族大学本科人才培养质量提高项目（2022SYZX-01）
教育部产学合作协同育人项目（230804699192723）

河湟地区传统村落空间基因信息
及其遗传策略研究

Research on Space Gene Information and Genetic Strategy of Traditional Villages in Hehuang Area

马宏斌　著

中国建筑工业出版社

图书在版编目（CIP）数据

河湟地区传统村落空间基因信息及其遗传策略研究 ＝
Research on Space Gene Information and Genetic
Strategy of Traditional Villages in Hehuang Area /
马宏斌著 . -- 北京：中国建筑工业出版社，2025. 5.
ISBN 978-7-112-31093-7

Ⅰ. TU982.294.4

中国国家版本馆 CIP 数据核字第 20257YH560 号

本书系统探讨了河湟地区多民族传统村落的空间形态特征及其文化内涵。通过地理信息系统（GIS）与空间分析技术，研究提取了河湟地区 106 个传统村落的空间基因信息，揭示了不同民族村落的空间形态差异性特征，并建立了空间基因信息数据库与图谱。研究表明，河湟地区传统村落的空间形态深受地域环境与民族文化的影响，形成了独具特色的空间格局。本书提出了针对性的保护与更新策略，为实现传统村落空间文脉的传承与乡村可持续发展提供了科学依据。

责任编辑：李　慧
文字编辑：高　彦
责任校对：姜小莲

河湟地区传统村落空间基因信息及其遗传策略研究
Research on Space Gene Information and Genetic Strategy of
Traditional Villages in Hehuang Area
马宏斌　著

＊

中国建筑工业出版社出版、发行（北京海淀三里河路 9 号）

各地新华书店、建筑书店经销

北京鸿文瀚海文化传媒有限公司制版

建工社（河北）印刷有限公司印刷

＊

开本：787 毫米×1092 毫米　1/16　印张：11　字数：224 千字

2025 年 5 月第一版　　2025 年 5 月第一次印刷

定价：**65. 00** 元

ISBN 978-7-112-31093-7

（44744）

版权所有　翻印必究

如有内容及印装质量问题，请与本社读者服务中心联系

电话：(010) 58337283　QQ：2885381756

（地址：北京海淀三里河路 9 号中国建筑工业出版社 604 室　邮政编码：100037）

　　河湟地区地处青藏高原和黄土高原交汇地带，是青藏高原国家生态安全屏障与西北多民族共生的重要地区。独特的"三山夹两谷"地貌骨架，多样的气候特征，多元的民族与宗教文化，造就了河湟地区汉族、藏族、回族、土族、撒拉族、保安族等多民族共生共荣的地域格局，是探析民族文脉多样性保护的最好样本。传统村落作为民族文脉的物质空间载体，蕴含河湟地区各民族传统村落数千年的空间营建"法式"与"规则"，凝结了地方群众"取自然之利，避自然之害"的空间营造"智慧"。"法式""规则"与"智慧"的演绎与积累生成了"村落空间—自然环境—民族文化"互动契合的空间信息，这些信息通过"空间基因"的"遗传"与"选择"，形成地域性与民族性相融合、独特且相对稳定的空间组合模式，从而决定了传统村落空间形态的"民族性状"。通过对空间基因的"编码""复制"与"表达"，在传统村落空间衍生、修复与新建中得以充分借鉴、更新与进化，使地域性与民族性的空间文脉得以传承与延续。

　　全球化语境下的民族文化在外来文化冲击下趋于弱势，城镇化进程与乡村振兴战略实施中的高速建设与低质发展将村落建设引入误区，传统村落的地域性与民族性特征逐渐丧失，"千村一面"与"城乡一貌"等问题日益突出。河湟地区传统村落的空间文脉保护与人居环境质量提升方面发展缓慢，"重发展而轻传承、重开发而轻保护"是当下河湟地区乡村建设的主要基调。面对盲目发展建设、特色风貌褪色消失、地域文化与民族文化加速消亡等问题，传统村落"空间基因"信息的客观挖掘提取与遗传保护承续是当前亟待探索的时代紧迫性科学课题。本书基于多学科交叉视野，构建"宏观—中观—微观"三个层级的多维研究框架，紧紧围绕"地域性"与"民族性"视角对河湟地区传统村落的空间格局特征与空间基因信息进行系统性地识别提取、挖掘分类与归纳解析，建立了河湟地区传统村落空间基因信息数据库和空间基因信息图谱，科学揭示了河湟地区不同民族的村落空间形态差异性特征。本书核心研究内容如下：

　　（1）在"宏观"的地域层级借助 ArcGIS 空间模型科学分析了河湟地区 106 个传统村落的地域空间分布特征及其影响因素。同时以"民族"视角从民族空间格局特征、区位环境特征及其主控因子等方面，刻画了河湟地区藏族、回族、土族、撒拉族和保安族 5 个少数民族传统村落的民族空间格局特征。从流域尺度、亚流域尺度、传统村落 3 个不同尺度切入，揭示了河湟地区各传统村落的多尺度空间格局效应。

（2）在"中观—微观"的空间形态要素层级，基于地域环境适应性、民族特色鲜明性、生活生产延续性等原则遴选出 20 个不同民族的典型村落样本，根据村落空间形态体系的要素构成及其与空间基因之间的对应与关联关系，从界域空间、公共空间、街道空间、建筑空间和特色空间五个空间维度遴选出 12 个形态要素及对应决定其"性状"的 22 个空间基因，采用空间形态分析、空间计量分析、拓扑分析、空间句法、距离分析等测度方法，实现河湟地区传统村落空间基因信息的量化提取与空间形态表征的数字化转译，在此基础上建立了河湟地区传统村落空间基因信息数据库。

（3）以不同空间维度的空间基因量化数据为信息源，集成河湟地区传统村落的空间地理环境信息、空间基因片段信息与空间形态表征信息，以形态要素与民族属性为变量，结合聚类统计与复杂网络分析等方法建立了河湟地区传统村落空间基因信息图谱。从"同一流域不同民族的村落"和"不同流域同一信仰的村落"两个维度对村落样本空间基因信息数据进行差异性分析与比较研究，量化揭示了河湟地区不同民族的村落空间形态差异特征。采用"熵权—TOPSIS"法进行空间秩序综合评价，获取各空间基因指标权重，并根据评价结果选取各民族传统村落的最优方案作为典型示范村，用以指导和推进河湟地区各民族传统村落空间文脉保护和特色风貌塑造。

（4）在深度挖掘河湟地区传统村落空间基因信息的基础上，综合传统村落所面临的现状问题，明确了传统村落空间基因遗传保护的原则向度，提出具有针对性与可行性的空间基因遗传保护与有机发展的策略建议。

本书运用"空间基因"理论对河湟地区传统村落空间形态进行系统性、整体性研究，为传统村落空间形态与特色风貌的全面与科学认知、研究与规划提供从宏观到微观、从抽象到具象的完整信息链。基于不同层级研究视角全面系统地揭示了河湟地区传统村落的地域性与民族性的空间形态特征，并提取出不同传统村落的核心空间基因序列结构模式。将传统村落的"地域性"与"民族性"纳入到一个系统中进行空间格局和差异性研究，刻画、揭示了河湟地区多民族共生的空间格局与不同传统村落的差异性特征，得出科学、客观、新颖的研究结果可以补充、丰富河湟地区传统村落的基础资料与信息，有助于政府相关部门与学术团体进行更深入研究，以期实现河湟地区传统村落空间文脉全面保护和乡村建设与自然环境、文化传承三者共赢的双重目的。

目录

第三章

河湟地区传统村落的地域空间格局 024

第四章

河湟地区传统村落空间基因提取与信息数据库构建 058

第五章
河湟地区传统村落空间基因信息图谱研究及空间秩序评价 102

第六章

河湟地区传统村落空间基因遗传策略研究   145

第七章

结语   155

参考文献   157

致谢   165

第一章

绪　论

1.1 研究背景

1.1.1 多民族共生下多元民族文化及其物质载体的信息挖掘与承续需求

河湟地区地处青藏高原和黄土高原交汇地带，是青藏高原国家生态安全屏障与西北多元民族文化汇聚的重要地区。独特的"三山夹两谷"地貌骨架，多样的气候特征，多元的民族与宗教文化，造就了河湟地区儒家文化、藏传佛教文化与伊斯兰文化交融并存，汉族、藏族、回族、土族、撒拉族、保安族等多民族共生共荣的地域格局，同时也是探析传统村落空间文脉多样性保护的最好样本。传统村落作为地域文脉的物质空间信息载体，将自然生态、空间形态与社会人文等不同领域进行同构，与此同时，以相对稳定的地域空间组合模式展现着河湟地区各民族的文化内涵与历史底蕴，反映着特定民族的文化基因和精神特质，蕴含各传统村落数千年的空间营建"法式"与"规则"，凝结了少数民族群众的空间建造"智慧"。"法式""规则"与"智慧"的演绎与积累生成了"村落空间—自然环境—民族文化"互动契合的空间信息，这些信息通过"空间基因"的"遗传"与"选择"，决定了传统村落空间形态的"特色性状"。通过对空间基因的"编码""复制"与"表达"，在传统村落空间衍生、修复与新建中得以充分模仿、迭代与演化，将空间文脉蕴含的地域性与民族性进行传承与延续。

当前，由于缺乏针对性的理论论证和规划指导，传统村落的高速建设与低质发展通常以牺牲传统空间风貌为代价，造成村落地域性空间特征同化、民族性人文特色丧失、人地关系冲突等难以扭转的问题。鉴于此，对传统村落空间基因信息进行全面、系统的识别、挖掘与解译，实现对河湟地区传统村落空间形态与特色风貌的传承与延续是十分必要且迫切的。

1.1.2　城镇化进程与全球化语境下地域性与民族性的保护与发展诉求

改革开放四十年来，我国创造了世界瞩目的"城镇化奇迹"。在以河湟地区为代表的多民族共生地区中，城镇化加速提升了传统村落的建设与发展，却也使其建设偏离轨道，村落修建性破坏和开发性破坏较大，传统村落的地域性、民族性与特色性特征逐渐丧失，"千村一面"与"城乡一貌"等问题日益突出。

与此同时，全球化增强了国家间的联系，世界各国逐渐演化为彼此依赖的命运共同体。全球化不但开启世界经济一体化进程，更促使世界文化趋于同质化。在全球化语境下，西方发达国家凭借其经济优势面向全球大力进行文化输出，甚至形成"文化入侵"现象。我国少数民族文化和传统乡村聚落受到外来多元文化冲击，许多地区人们的生活方式趋同、审美文化趋同、村落形态风貌趋同，地域文化与民族文化逐渐被取代或湮灭。传统村落凝聚了我国各少数民族文化的历史结晶，是传承中华民族文脉的重要空间载体，体现着中华民族的地域性、民族性与多样性。通过对传统村落空间形态展开系统性、综合性研究，对其空间基因信息进行客观挖掘提取与遗传保护承续，是当前亟待探索的时代紧迫性课题，对于维护全球文化多样性、弘扬中华文明、实现民族复兴具有重要意义。

1.1.3　乡村振兴战略背景下生态脆弱民族地区有机发展的时代追求

伴随"人口—资源"矛盾不断加剧，尤其对于诸如河湟地区的生态脆弱民族地区而言，在改革深化和经济结构转型发展的当下，"人—地"关系研究受到广泛关注。"三农"问题历来是党和政府工作的"重中之重"，党的十九大报告中提出实施乡村振兴战略，是为新时期解决乡村社会矛盾、促进中国乡村发展作出的重大决策部署。此后，中共中央、国务院连续发布中央一号文件，对全面推进乡村振兴战略指明了方向，对持续加大传统村落保护力度作出明确指示。改善农村人居环境，建设美丽宜居乡村，是实施国家乡村振兴战略的重要课题和根本任务之一。

乡村振兴不能在民族地区留下盲区、死角。传统村落是民族地区"活态传承"的重要资源，如果传统村落保护不好生态、涵养不好文化，民族地区就无法将内在资源优势转化为社会经济发展的动力，乡村振兴也就无从谈起。乡村建设是乡村振兴的重要载体[1]，更是新时期生态脆弱民族地区实现有机发展的时代追求。对于传统村落空间文脉而言，有效执行《乡村建设行动实施方案》[2] 是推进传统村落振兴发展的重要前提。本研究以河湟地区的传统村落空间形态与空间风貌为切入点，识别并提取其空间基因，以空间基因量化数据构建空间基因信息数据库和信息图谱，作为解读村落空间形态信息的具体路径，也作为保护与遗传空间文脉遗传的技术路线和科学依据，探析全面推进河湟地区乡村振兴的可行性策略。

1.2　相关概念及理论研究进展

1.2.1　主要概念界定

1.2.1.1　传统村落

本研究中的"传统村落"特指河湟地区的少数民族村落，即在长期的生产和生活过程中形成的具有鲜明的民族特色和独特的文化底蕴、与当地自然生态环境高度和谐统一、以少数民族聚居为主的自然村或行政村。

传统村落至少包括以下三个基本要素：一是由地缘关系、族缘关系或血缘关系维系从而共同生活的村民。他们都是某个民族成员或以某个民族成员为主，其生活和活动方式具有某个民族共性特征。二是具有一定空间范围和生存条件的村落地域。这里的地域既是一个自然地理的空间，也是在长期的社会生活中形成的具有某种民族特征的社会空间。三是基于民族历史传统和经济发展水平的村落文化。村落中的主流文化就是某个民族的传统文化，它形成了将村落内的成员凝聚在一起的精神力量，从而使这一村落与其他村落相区别。

为保证研究的合理性、可靠性和典型性，本研究中的"传统村落"特指河湟地区入选中国传统村落、中国历史文化名村、中国少数民族特色村寨等三大国家级名录的村落。

1.2.1.2　空间基因

基因（Gene）的概念源自生物学，意思为"生"，是指包含生物遗传信息的结构组织序列，是控制物种自然生长的基本遗传单位，可分为 RNA 和 DNA。可通过对生物基因的精准复制实现物种生物学性状的稳定遗传[3]。

空间基因（Space Gene）的概念最早是由段进院士及其研究团队于 2019 年在形态类型相关研究基础上，从城市空间发展理论的视角提出[4]。本研究借鉴段进院士城市空间基因的概念内涵，以传统村落空间形态为认知角度解析与研究传统村落空间基因，将传统村落、地域环境和民族文化视为有机整体，在尊重传统村落空间演化规律的基础上对其基因信息进行挖掘与提取，对传统村落建设、自然保护与文化传承的共赢提供一种有效的发展路径。传统村落空间基因凝结了少数民族群众的空间建造智慧[5]，是村落在长期的建造历程中所形成与环境共融的结晶[6]。传统村落空间基因包括其空间位置、空间格局、形态类型等空间信息和地域性气候、地形地貌、民族文化、产业类型、社会经济水平等环境要素。空间基因与在地环境联动作用下，影响着传统村落的形态演化和发展。

本研究中传统村落空间基因概念泛指可以作为解译传统村落空间形态与民族特色的图式方法与研究体系。基于传统村落空间基因的认知与研究，即可深入到空间体系不同层次的形态要素中，又可兼顾村落空间形态与自然环境和社会人文因素的叠合效应，深入解读不同民族的村落空间风貌差异性特征与成因，尊重传统村落在地性和民族性的物种属性，揭示传统村落空间形态形成背后的逻辑，只有在此基础上才能更好地保护传统村落的文化遗产，规划设计也能在现代化进程中适时应变，真正实现传统村落空间文脉的传承。

1.2.1.3　遗传策略

"基因"是控制物种特征形状与自然生长的基本遗传单位。类比于生物基因影响生物体的性状，传统村落的空间基因蕴含着"村落空间—自然环境—民族文化"互扰互促的空间信息，在传统村落空间文脉传承中起着关键性作用。

本研究中的遗传策略是通过对传统村落空间基因进行提取、解析，加强传统村落特色目标设定的在地性，据此提出的现代化保护和可持续发展的靶向性导控策略。

1.2.2　相关理论基础

1.2.2.1　人居环境科学

人居环境是在人居（Human Settlement，Inhabitation and Travel Environment）和生态环境科学（Ecological and Environmental Sciences）两大概念范畴的基础上发展而来的一门新学科概念。20 世纪 90 年代，吴良镛院士在"人类聚居学"理论的基础上，结合中国实际，提出了"人居环境科学"（The Science of Human Settlements）思想，他认为人居环境是由自然系统、人类系统、社会系统、居住系统和支撑系统共同组成[7]。其中，自然系统和人类系统是构成人居环境主体的两个基本系统，居住系统和支撑系统则是满足人居需求的基础条件[8]（图 1-1）。

当代人居环境科学已成为包括人居背景、人居活动和人居建设三大系统相互交织且涉及社会、经济、生态三大方面的一门综合性学科群。本研究对于河湟地区传统村落空间格局特征的刻画、空间基因信息的挖掘与提取及居住空间环境的评价涉及环境科学、城乡规划学、地理学与社会学等交叉学科内容，因此，在人居环境科学理论背景下展开研究是有实际意义和价值的，研究结果可作为指导我国乡村人居环境建设与发展依据的重要补充。

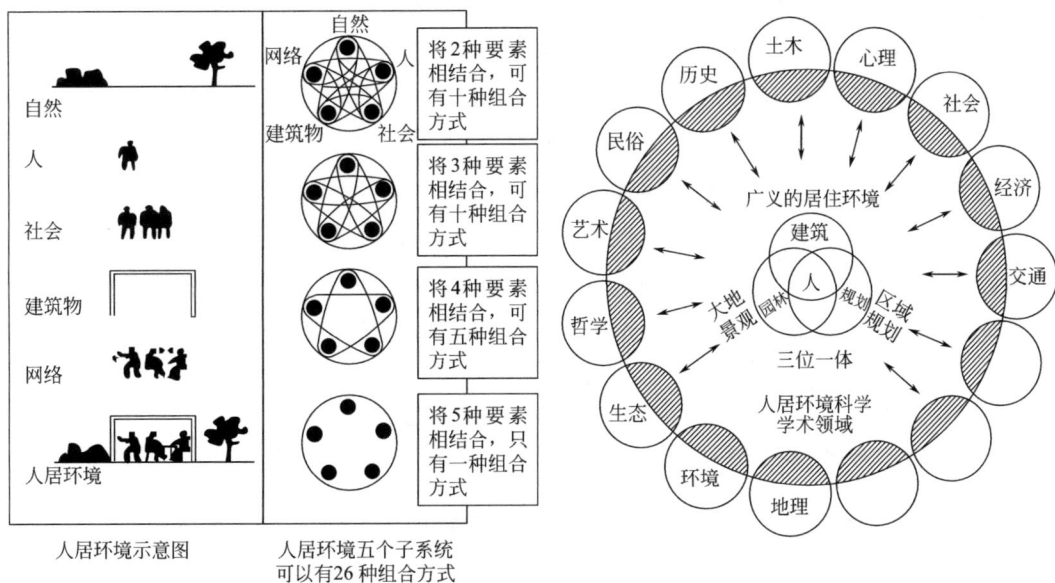

图 1-1　人居环境示意图（左）及人居环境科学学术框架（右）[7]

1.2.2.2　形态类型学

形态类型学是 20 世纪 80 年代将康泽恩（M. R. G. Conzen）的城市形态学（Urban Morphology）和卡尼吉亚（G. Caniggia）的建筑类型学（Architectural Typology）两种城市形态研究学派融合各自优势后，所形成的应用性更高的认识城市形态构成与演进的理论[9]。形态学侧重形态演化逻辑过程和整体与局部的构成逻辑关系两部分研究[10]。类型学关注事物普遍存在形式和类型两层结构。两者都认为城镇形态可以划分成各种空间模块，从形态形成、演进过程的研究中，揭示通过各种经济模式、文化特质变化所引起的形态生成与更新，融合出形态类型学的基础。

村落与城镇在空间尺度与功能复杂程度上存在差异，但经典的形态类型学方法可以助力村落空间形态在功能、形态、结构上的相似性研究，将其归纳与总结为特定的空间形态表征类型，实现从"表层具象—深层抽象—表层具象"的认知过程。河湟地区传统村落空间形态丰富、类型多样。因此，本研究借助形态类型学理论对河湟地区传统村落空间基因研究涉及的自然环境、空间要素、文化环境与社会环境等因素进行静态定性分析。

1.2.2.3　空间组构理论

伦敦大学教授比尔·希利尔（Bill Hillier）最早在其著作《空间的社会逻辑》中提出空间组构理论。该理论以拓扑学为基础，把空间系统划分为不同空间的组合关系，通过研究各组合间的拓扑关系，来揭示空间的形态、交通及社会之间的深层联系[11]。

20世纪80年代，比尔在《空间是机器》一书中进一步提出"空间句法"（Space Syntax）概念来指代空间组构法则，借助数学语言的分析方法，对空间要素之间拓扑关系进行数值化分析，突破了传统主观的描述性研究方式，开创了空间领域的数学语言分析先河[12]。

人的行为活动与空间具有双向投射关系，传统村落空间形态特征本质是少数民族族群组织关系与行为活动模式的显性表征体现。村落的街巷空间是村落空间结构的脉络与骨架。本研究引入空间组构理论，通过空间句法的轴线分析方法解析传统村落街巷系统节点之间的拓扑关系，尝试解译传统村落空间形态与社会经济、地域文化等人文环境之间的协同关系。

1.2.2.4　文化地理学

文化地理学概念是20世纪初由美国文化地理学家索尔（C. O. Sauer）正式提出，是人文地理学重要分支之一，侧重探析时空维度下不同文化特质的时空分异、人类文化空间的组合模式、生成原因与演化规律[14]。

文化地理学的研究内容主要包括文化生成、文化生态、文化扩散、文化景观和文化综合作用五个核心主题。随着传统村落研究的深入，村落的形成与发展离不开地域，特别是地域文化环境的作用与影响，因此，文化地理学与传统村落相结合的研究逐渐增多。本研究通过文化地理学理论与GIS技术的结合，从传统村落的空间分布特征、民族格局特征、区位环境特征及其主控因子等方面来解析村落形成的区域文化环境，刻画河湟地区多民族共生的村落格局特征。

1.2.3　国内外相关研究进展

1.2.3.1　国内外乡村聚落形态研究的多维视野

（1）乡村聚落形态

聚落形态是文化地理学、建筑学、城乡规划学、考古学等学术领域共同的研究对象。在多元学科和多维视野的研究驱动下，聚落形态研究的深度和广度得以不断拓展。但不同学术领域对于聚落形态研究的侧重点有所差异。

① 文化地理学领域

在欧洲，聚落地理学的兴起推动了乡村聚落形态研究。19世纪40年代，科尔（J. G. Kohl）在《人类交通居住与地形关系》一书中首次探讨了德国聚落的空间分布、生态环境与土地资源之间的关系，强调地形差异对聚落选址的重要影响[15]。在此基础上，多位德国学者开始针对乡村聚居主要形式与乡土景观开展系统探索，形成了聚落地理学学科雏形[16]。梅村（A. Meitzen）在1895年按形态差异对德国北部乡村聚落进行分类，研究了聚落形成的条件和过程，并对其驱动因子和构成因素进行解析[17]。20世纪初，维达尔·白兰士（P. V. de la Blanche）、让·白吕纳（Brunches Jean）、阿尔贝·德芒戎（A. Demangeon）等人通过对法国乡村聚落进行研究，提出"人地关系论"，认为人类及其各种行为活动与自然地理环境具有协同关系，建立了聚落地理学的重要理论基础[18]。1939 年，德芒戎在《法国农村聚落的类型》一书中根据聚落空间形态不同，将法国乡村聚落形态组合类型初步划分为"集聚型"与"分散型"两大类，并进而细化为线状、团状与星状等子类型[19]。

在亚洲，20 世纪 20 年代至 30 年代，美国地理学家霍尔（R. B. Hall）实地调研了大量日本乡村聚落，结合地域自然环境与人工环境，对日本乡村聚落的分布特征、空间形态、建筑形式、用地方式等方面进行了详细分析[20]。20 世纪 50 年代至 70 年代，普拉萨德·辛哈（Prasad Sinha）结合聚落整体的空间差异将印度聚落形态划分出十余种类型[21]。

国内地理学领域关于乡村聚落形态研究始于 20 世纪 30 年代，研究内容与方法借鉴同时期国外研究模式，如地理学家严钦的"西康居住地理"研究[22]、朱炳海的"西康山地村落之分布"研究[23]、李旭旦的"白龙江中游人生地理观察"研究[24] 等，都是我国学者早期论及乡村聚落空间分布、形态演化与地理环境的相适应关系的研究成果。20 世纪 70 年代，中国台湾学者胡振洲在《聚落地理学》书中对中国台湾的乡村聚落类型进行划分[25]。1988 年，金其铭教授在其著作《中国农村聚落地理》中首次对我国农村聚落的静态空间形态模式进行描述分析与因果解释[26]，推动了此后中国村落形态量化研究的发展趋势。1994 年，李和平等人针对当代农业转型时期乡村聚落空间布局的优化、结构体系重构等进行了深度分析[27]。近年来，国内聚落地理学界对乡村聚落的研究呈现向空间、转型、功能等多元视角发展趋势。程连升[28]、郭晓东[29]、郑文生[30] 等人从空间视角出发，分别对不同地区地域环境下的乡村聚落空间类型、空间分布、布局特征的影响机制进行研究，并提出合理的格局优化建议。刘彦随[31]、李平星[32]、房艳刚[33] 等学者从乡村聚落功能视角出发，深入解析了乡村聚落空间的功能类型、演化过程与产业、交通、人口等影响要素的作用关系。

② 建筑与城乡规划领域

20 世纪 70 年代起，日本建筑学家原广司教授（Hiroshi Hara）及其研究团队对世界范围内的乡村聚落进行了大量田野调研，从宏观的文化比较到微观的居住空间，对聚落进行广泛而全面地实地考察。其将部分聚落调查成果汇总出版了《世界聚落的教示 100》一书，归纳总结出聚落空间的 100 个要点并加以解读，成为其后来"空间图式"理论的基础[34]。原广司的学生、建筑学家藤井明教授（Akira Fujii）从 1972 年起历时 28 年探访了 40 多个国家的 500 多个聚落，撰写出版了《聚落探访》。书中详细解析了乡村聚落的民居、布局与选址等方面的内容，形成了关于聚落空间组织与布局的数理理论[35]。意大利建筑家帕加诺（G. Pagano）在《意大利乡村建筑》一书中阐述了乡村建设是村民自组织的结果，乡村形态的演化与发展遵循某种永恒的规律，是从代代相传的文化习惯中坚持并继承而来[36]。美国建筑与人类学家阿摩斯·拉普卜特（Amos Rapoport）教授是环境与行为学研究领域的创始人之一，他从环境学角度探析民居形态特征及其形成原因，并不断从交叉学科领域对聚落复杂空间建构进程的概念进行诠释，以便更完整、充分地理解民居形成的决定因素[37]。

在国内，刘敦桢先生的《中国住宅概说——传统民居》是中国乡村聚落形态研究的最早著作[38]。彭一刚先生通过跨学科视角系统阐释了人文地理要素对聚居形态的塑造机制，其多维分析方法为后续研究奠定了理论框架[39]。人居环境学科奠基者吴良镛先生创新性地提出空间层级理论，将人类活动空间按规模划分为生态基底、城乡聚落及城市网络等复合系统[7]。张玉坤教授则着重探讨聚落空间的社会属性，揭示其作为"自然—人文"复合载体在区域经济、社会治理及文化传承中的特殊价值[40]。就方法论而言，王昀教授引入量化统计模型，开创了传统聚落空间拓扑关系的数据化解析路径[41]。王鲁民教授提出的"极域"理论，该理论通过历时性研究，揭示聚落形态演化过程中核心功能区的生成机理与辐射效应，为城乡空间演进提供了新的解释范式[42]。段进院士及其研究团队研究并出版了一系列乡村聚落形态研究专著，包括《城镇空间解析——太湖流域古镇空间结构与形态》[43]《空间研究1：世界文化遗产西递古村落空间解析》[44]《空间研究4：世界文化遗产宏村古村落空间解析》[45]等。以上研究成果奠定了中国乡村聚落形态研究的基础。

③ 考古学领域

聚落考古学是以聚落遗址为单位进行田野考古调查和挖掘的一种研究方法。1953年，美国考古学家戈登·威利（G. R. Willey）在《聚落与历史重建——秘鲁维鲁河谷的史前聚落形态》中首次提出"聚落形态"（Settlement Pattern）的概念，开创了聚落形态考古研究先河[46]。20世纪60年代，以路易斯·宾福德（Lewis Binford）[47]、戴维·克拉克（David. L. Clarke）[48]为代表的"新考古学派"在美国考古学界兴起，该学派认为聚落形态的研究具有"历时性"与"共时性"特征。美国考古学家欧文·劳斯（I. Rouse）在20世纪70年代将聚落空间形态的研究延伸至人类活动所形成的自然、社会与文化系统[49]。

张光直先生在20世纪80年代将聚落形态考古学引入中国，并将其融入社会关系的框架内来做考古研究[50]。严文明教授认为聚落考古学研究内容主要包括聚落形态及其内部结构、聚落分布及其相互关系、聚落形态历史演变三方面[51]。张忠培教授提出聚落考古应考虑到聚落与自然的适应关系[52]。近年来，符奎[53]、李默然[54]、朴真浩[55]对社会结构、经济文化和生产技术等因素对聚落分布、形态演变的影响机制进行了广泛探讨。吴立等人借助 ArcGIS 对巢湖流域地貌、水文、气候等环境因素与聚落遗址分布演变的作用进行量化解析[56]。

（2）空间基因

以"基因"为主题在中国知网的建筑科学与工程领域进行检索，文献成果主要集中在"形态基因""景观基因"与"文化基因"三个方向。

在形态基因研究方面，段进院士将空间基因定义为城市空间、自然环境、历史文化三者协同形成的各种地域空间组合模式[4]。通过教学与科研历程自述，王竹教授提出了类似地域基因的概念[57]。苑思楠结合城镇案例对街道空间进行量化分析与比较，街道系统通过"控制街道形态发展的潜在因子"诠释[58]。杨扬认为可将形态基因作为城市形态解读与城市设计的重要依据[59]。通过回顾西安山水景观的建设过程，王树生概括了如何在城市建设中继承山水景观形态的具体途径[60]。王翼飞以形态基因作为乡村聚落形态认知与解析的切入点，架构了黑龙江省乡村聚落形态基因数字化信息平台[61]。

在景观基因研究方面，杨立国等人建立结构方程对景观因子进行识别，揭示侗族传统聚落中景观基因与地方认同的作用[62]。张鸽娟等人通过对地域性景观基因的研究，刻画了陕南古镇在特殊地理环境下形成的景观特征[63]。向远林等人结合陕西传统聚落景观特征，提出了传统聚落景观基因的类生命总体变异机制，为传统乡村聚落保护、活化提供了基于景观基因精准修复的独特思路与方法[64]。

在文化基因研究方面，鄢阳等人建立了苗寨乡村聚落的文化基因图谱[65]。郭谌达等人另辟蹊径，基于"城市人"理论从文化基因视角分析了"典型人居"与"典型城市人"的关联性[66]。陈怡等人在分析乡村形态、建筑演变的基础上，结合"文化基因"和"信息链"两方面探析乡土建筑设计新形式的可能性，并对杭州富阳东梓关回迁农居项目进行了实例验证[67]。徐煜辉等人分析了"基因重组"与城市设计的相关性[68]。王静如从乡村文化基因视角切入，探析了西文兴村的历史背景、特色建筑元素与文化价值[69]。

1.2.3.2 国内乡村聚落形态研究的主要阶段和技术方法

由前文可知，我国乡村聚落形态研究晚于国外，但至 20 世纪末，受到城乡二元结构体制下村落空间形态问题日益凸显及空间实践的客观需求影响，我国在此方面相应的研究技术手段并不落后，并就本国经济体制下的特殊空间体系进行本土化与在地化研究。其研究大致可分为四个阶段：

（1）萌芽起步阶段。起始于 20 世纪 30 年代，研究工作主要由建筑学相关领域专家围绕我国传统民居的田野调研展开，如建筑史学家龙庆忠先生对陕西、河南、山西等省的窑洞进行考察，发表了"穴居杂考"论文[70]。刘致平教授还深入云南，对"一颗印"古民居进行调研[71]。刘敦桢教授等人深入四川、云南等地，进行古建筑及传统民居实地测绘[72] 等，为后续研究积累了大量宝贵的实体测绘资料，引发国人对传统建筑的关注，但研究普遍以定性描述分析为主，且研究范围较小。

（2）初步发展阶段。20 世纪 50 年代至 60 年代，相关学者在前人研究基础上扩大了对传统民居的考察、测绘和研究范围，研究目标更加明确，研究内容更加丰富，研究资料更为翔实。这一阶段的代表性研究成果主要有刘敦桢先生的《中国住宅概说——传统民居》[38]、张仲一教授等人合著的《徽州明代住宅》[73]、同济大学建筑工程系建筑研究室编写的《苏州旧住宅参考图录》[74] 等。研究方法仍以定性描述分析为主。

（3）快速发展阶段。20 世纪 80 年代至 21 世纪初，相关学界尝试从独立学科研究跨入多方位、多学科的综合研究，涉及地理学、建筑学、城乡规划学、社会学与人类学等。研究方法开始尝试将定性与定量研究相结合，并注重定量分析。乡村聚落形态研究、乡村聚落社会人文研究等得到快速发展并受到广泛关注和高度重视，取得了丰硕的研究成果。费孝通先生在《乡土中国》中从多层面总结阐述了中国传统乡土社会体系特征[75]。刘沛林教授在《古村落：和谐的人聚空间》中深入剖析了传统村落人类聚居模式、空间形式与自然环境的适应关系[76]。陈志华先生深入研究了楠溪江中游地区古村落的自然环境、村落形态、街巷结构及不同类型的乡土建筑的地域文化特征[77]。陆元鼎和杨谷生教授主编的《中国民居建筑》采用交叉学科视野对传统民居进行分析评述[78]。李立教授在《乡村聚落：形态、类型与演变——以江南地区为例》中通过对系统各组成要素间的相互关联、相互制约作用解析了江南地区乡村聚落演变的动力机制[79]。

（4）全面发展与科学量化阶段。从 2000 年至今，我国快速城镇化进程加速乡村建设实践的开展，规划行为开始深度介入聚落空间，乡村聚落空间形态研究开始从定性描述阶段向量化研究阶段积极迈进，以求对空间规律的深度认知并借以辅助空间决策。如王昀教授通过聚落空间因子构建数学关系模型方式，对传统聚落空间进行量化分析[41]。杜佳等人采用分形几何理论对村落外部边界与内部公共空间形态的复杂性进行解析[80]。毕硕本等人通过检验形态指数与外部环境变量的空间分布一致性来探测聚落形态本体与自然环境的相关性[81]。陈丹丹、孙莹等人基于空间句法对传统村落空间规划方案进行预期评估和空间拓扑结构构建[82-83]。童磊借助 City Engine 平台设计了村落空间肌理模型规则并尝试空间生成[84]。杜相佐等人利用"引力模型"（Gravity Model）测算农村居民点之间的相互吸引力及其空间辐射范围，借以引导农村居民点空间重构[85]。张艳粉等人构建"层次分析（AHP）—地理信息系统（GIS）"复合模型，对村落发展潜力进行评估[86]。当前，乡村聚落空间形态的基础研究已不限于定性地分析形态类型及其影响因素或定量地评价历史断面及其演化过程，而开始思考如何顺着聚落文脉继续前行。由此可见，乡村聚落空间形态已经呈现出从定性向定量、由静态向动态研究趋势[87-89]。

1.2.3.3 河湟地区乡村聚落研究现状

以"河湟"为主题在中国知网进行检索，截至 2021 年 12 月 31 日，共有文献研究成果 2223 篇，主要集中在历史学、民族学、文学、艺术学等学术领域。其中，与本研究方向匹配的建筑科学领域与环境科学领域的文献成果分别只有 135 篇和 34 篇，仅占河湟研究文献总量的 7.3%，成果量相对匮乏。

将与乡村聚落研究相关的文献进行整理归纳可知，近 20 年来，有关河湟地区乡村聚落的研究成果有所增多，研究内容主要集中在民居单体研究和聚落空间研究两个方面。对于河湟地区民居的研究侧重传统民居营建的生态策略、保护更新与地域适应性三个方向，其中以西安建筑科技大学教授王军[90]、靳亦冰[91]、崔文河[92] 为代表的学术团队对该领域研究最为深刻，学术成果较为丰硕。

对于河湟地区乡村聚落的研究主要包括聚落空间形态、聚落发展演变与聚落空间景观三个方面。从研究技术方法来看，除在民居更新技术研究中涉及少量定量统计外，绝大部分研究都以定性描述方法为主。令宜凡总结分析了撒拉族乡村聚落空间形态特征、构成要素及演变规律，并提出撒拉族乡村聚落的保护与发展策略[93]。柯熙泰从空间构成、道路系统、聚落结构等层面对历史文化名村郭麻日村的空间格局现状进行深入描述[94]。何积智基于城镇化背景从建筑学视角对河湟地区乡村聚落与住居两个层面提出变迁与转型策略[95]。贾梦婷通过对街子河流域川水型传统乡村聚落空间格局研究，揭示其空间演变发展的内在驱动力[96]。牛奥运探析了河湟谷地史前不同文化时期的聚落分布与耕地格局演变规律，并在此基础上探讨了气候环境、耕地格局变化与聚落空间形态、经济形态的相关性[97]。郭星对河湟地区土族村落景观构成及影响因素进行了分析，并针对性地提出土观村的保护发展策略[98]。崔妍从地域文化视角对青海海东地区传统村落景观格局、形态要素进行研究，并提出传统村落景观设计的目标、原则与设计对策[99]。宋祥通过对河湟地区山地庄廓聚落景观形态特征及营建规律进行探析，提出山地庄廓聚落景观保护与发展的策略及方法[100]。

1.2.3.4 既有研究归纳与启示

随着空间发展理论的不断深入，形态类型学目前面临不少质疑。首先，形态类型学所归纳的形态类型以空间物质形态为单一中心，其研究方法往往被人文学者和艺术人士诟病为物质形态决定论的范畴[36]。其次，形态类型学的研究范式是描述性、解释性或说明性的，其价值被固定在空间形态的认知、理解与保护层面，但在面对未来空间发展中出现的自然环境和人文历史等问题显得软弱无力[101]。因此，面对当前村落空间文脉保护、传承与开发之间的突出矛盾，乡村聚落空间形态研究需要借助量化方法来辅助解读和演绎。

就河湟地区乡村聚落研究而言，虽然近年研究成果有所增加，但在总体成果数量上仍显匮乏。研究区域孤立，缺乏整合性地域研究。局限于单一学科研究范式，学科交叉研究不足。就多元民族共生的河湟地区而言，对于相同传统村落空间形态的系统性和不同传统村落空间形态的差异性研究不足。就村落空间文脉遗传保护而言，已有研究都以定性描述为主，难以有效指导地域性和民族性的村落肌理传承。

本研究延续形态类型学对乡村聚落形态研究的理论基础和脉络传承，采用多学科交叉融合的研究方式，以空间基因理论内涵与机制为切入视角对河湟地区传统村落空间形态进行深入认知与解读，对不同传统村落空间形态的差异性进行量化解析与深入比较，弥补河湟地区乡村聚落空间形态地域范围研究的缺失和孤立研究的片面性不足。将定量数据提取与质性辅助分析集合成为完整的传统村落空间基因识别、提取与信息挖掘，以此为基础探索河湟地区传统村落空间文脉的遗传保护与有机发展策略。

1.3 研究问题与意义

1.3.1 研究问题

河湟地区是青藏高原生态安全屏障与西北多元民族文化汇聚的重要地区，传统村落空间形态凝聚着各少数民族的生态营建智慧，传承着各少数民族的文化基因，是中华文明多样性的重要载体。河湟地区传统村落空间文脉与人居环境建设直接影响着高原生态的安全、民族的团结和社会的稳定。当前，在城镇化快速发展的进程中，河湟地区传统村落建设普遍存在一种不顾地方实际、生搬硬套的技术倾向，导致村落风貌"千村一面"，民族特色缺失，面临着生态环境恶化及民族文化消亡的突出问题。其次，长期以来以建成环境遗产保护、符号复制或形态模仿方式进行的传统村落文脉传承，忽视了对空间基因的关注，导致即使存"物"，也失"脉"。因此，如何量化识别、提取传统村落的空间基因信息并进行可视化转译？不同民族的村落空间形态差异性如何进行量化解析与深入比较？为此，本书运用空间基因理论，从村落实体空间形态层面出发，以"宏观"的河湟地域层级和"中观—微观"的不同空间形态要素层级及其对应的空间基因为研究线索，构建系统的研究框架，展开不同尺度多维视角的纵横向关联、空间基因信息发掘与差异性比较研究：

（1）在宏观的地域层级尺度上，多民族共生的河湟地区传统村落表现出怎样的地域空间分布规律？各传统村落呈现出怎样的民族空间格局特征及效应？

（2）在中观和微观的形态层级尺度上，传统村落的空间基因如何进行量化识别、提取与信息挖掘？河湟地区传统村落空间形态有哪些类型表征？空间基因信息数据如何解读及可视化直观呈现？

（3）从差异性比较视角来看，河湟地区"同一流域不同民族的村落"，其空间形态是表现出更多的地域相似性还是民族差异性？河湟地区"不同流域相同信仰的村落"，其空间形态是呈现出相同信仰文化影响下的"趋同效应"，还是受地域环境影响表现出更多的"在地性"风貌特征？

（4）在遗传保护视角方面，河湟地区传统村落面临哪些现状问题与保护困境？在传统村落空间文脉保护优先的基础上，如何实现遗传保护与有机发展目标？具体的可行性策略是什么？

1.3.2 研究意义

（1）实现河湟地区传统村落空间形态的数字化、信息化与系统化表达，对于河湟地区传统村落空间研究具有理论拓展、成果丰富与现实发展意义

传统村落的空间形态通过空间基因实现量化表达，并作为空间基因信息的基础数据构建河湟地区传统村落空间基因信息数据库与空间基因信息图谱，定量与定性相结合的空间基因与形态风貌信息簇符合对传统村落空间形态与风貌从具象到抽象的认知过程，并可弥补定量研究抽象性与定性研究主观性的不足，为河湟地区传统村落空间形态认知与解读提供新的视角与思路。

河湟地区传统村落受自然环境和人文环境的差异影响，在空间形态上表现出明显的流域差异性和民族差异性特征。本研究所得的传统村落空间形态差异性分析成果，从空间基因视角能够科学、量化地揭示河湟地区不同民族的村落空间形态差异性特征，丰富、完善河湟地区传统村落的地域性研究成果。

（2）提升河湟地区传统村落人居环境品质与乡村振兴的社会发展意义

乡村人居环境是人居环境科学研究的重要组成部分，河湟地区传统村落空间形态与特色风貌，和多民族共生的聚居格局与村落人居环境密不可分，在当前乡村振兴战略施行的重要阶段，在城镇化快速发展的浪潮和大规模新农村建设中，科学分析、揭示与刻画生态脆弱民族地区的村落格局，明晰传统社会因素在传统村落空间建构过程中的内在逻辑与显著规律，强化加深对传统村落空间基因内涵与作用机制的认知理解，对于落实国家民族政策，实现区域民族团结、繁荣，传统村落格局优化与特色风貌塑造，人居环境品质提升，精准扶贫，河湟地区传统村落乡村振兴等都具有重要的科学参考与社会发展意义。同时，也能够为人居环境研究发展的理论框架和研究方向提供一些思路和补充。

（3）河湟地区传统村落空间文脉保护、传承与发展的现实意义

河湟地区传统村落空间基因承载着多民族共生地区"村落空间—自然环境—民族文化"互动演化的空间信息，在传统村落空间文脉的遗传承续中起着关键性作用。本

研究采用数据库与信息图谱技术对空间基因信息进行架构，可以辅助河湟地区传统村落空间基因信息遗传、特色风貌营造与资源整合优化，为空间文脉承续和人居环境提升提供科学的决策依据，具有深远的现实意义。

1.4 研究对象与内容

1.4.1 研究对象

本书以河湟地区界域内的少数传统村落作为研究对象。由于河湟地区少数传统村落基数较大且分布广泛，本书选取的传统村落研究对象来源于三个部分：一是入选中国传统村落名录的传统村落。截至 2022 年，已有 5 批 6819 个传统村落入选，河湟地区有 91 个少数民族传统村落被列入名录。二是评选为中国历史文化名村的传统村落。目前已通过 7 个批次评选出 487 个中国历史文化名村，河湟地区有 2 个少数民族传统村落入选。三是被评为中国少数民族特色村寨的传统村落。分别于 2014 年、2017 年、2020 年评选出 3 批 1652 个少数民族特色村寨，河湟地区有 28 个少数民族传统村落入选。其中，有个别传统村落同时获评不同的称号名录，经统计整合后，本书最终确定的河湟地区传统村落研究对象共计 106 个。

1.4.2 研究内容

本书在实地调研与大量相关文献史料整理基础上，引入环境科学、城乡规划学、文化地理学与社会学等相关学科的研究方法，对河湟地区传统村落空间基因进行全面、系统性地分析研究。构建"宏观"河湟地域层级和"中观—微观"不同空间形态要素层级的多维视角的研究框架体系，紧紧围绕"地域性"和"民族性"视角对河湟地区传统村落空间格局特征与空间基因信息进行识别提取、信息挖掘与归纳解析，并借助于量化分析方式揭示了河湟地区不同民族的村落空间形态差异性特征。具体研究内容包括以下几个方面：

（1）揭示河湟地区传统村落地域分布与民族空间格局特征

本书以河湟地区 106 个传统村落为研究对象，在对传统村落地理数据和空间信息全面统计基础上，从宏观的河湟"地域"尺度借助最邻近指数、地理集中指数、不均衡指数和核密度分析等地理信息系统平台（ArcGIS）空间分析模型，解析传统村落的地域空间分布特征及其影响因素。同时以"民族"视角从民族空间格局特征、区位环境特征及其主控因子等方面，刻画了河湟地区藏族、回族、土族、撒拉族和保安族 5 个少数民族传统村落的民族空间格局特征。从流域尺度、亚流域尺度、传统村落 3 个不同尺度视角切入，揭示河湟地区各传统村落的多尺度空间格局效应。

（2）河湟地区传统村落空间基因识别提取、信息挖掘与信息数据库建立

基于地域环境适应性、民族特色鲜明性、生活生产延续性等原则遴选出 20 个不同民族的典型村落样本，结合已有空间形态研究成果与河湟地区多民族嵌套共生空间格局的多元形态特征，将能够反映相同形态表征的空间基因进行梳理与归类，明确形态要素与空间基因之间的对应与关联关系，根据村落空间形态体系的要素构成及其与空间基因之间的对应与关联关系，从界域空间、公共空间、街道空间、建筑空间和特色空间五个空间维度选取了 12 个形态要素及对应决定其"性状"的 22 个空间基因，在中观和微观层级采用空间信息量算中关于空间形态分析、空间计量分析、拓扑分析、空间句法、距离分析等测度方法，实现传统村落空间基因的量化提取与空间形态表征的数字化转译，获取传统村落形态要素的空间基因片段信息，并在此基础上，建立河湟地区传统村落空间基因信息数据库。

（3）河湟地区传统村落空间基因信息图谱建立、空间形态差异性比较与空间秩序评价

本书以不同空间维度的空间基因量化数据为信息源，集成河湟地区传统村落的空间地理环境信息、空间基因片段信息与空间形态表征信息，以形态要素与民族属性为变量，结合聚类统计与复杂网络分析方法建立河湟地区传统村落空间基因信息图谱，包含空间形态类型图谱和空间基因序列图谱两部分内容。通过多独立样本 Kruskal-Wallis 非参数检验法，从"同一流域不同民族的村落"和"不同流域同一信仰的村落"两个维度对村落样本空间基因信息数据进行差异性分析与比较研究，量化揭示河湟地区不同民族的村落空间形态差异特征。采用"熵权—TOPSIS"法对村落样本的空间秩序进行综合评价，获取各空间基因指标权重，并根据评价结果选取各传统村落的最优方案作为典型示范村，用以指导和推进河湟地区传统村落空间文脉保护和特色风貌塑造。

（4）河湟地区传统村落空间基因遗传策略研究

本书在深度挖掘河湟地区传统村落空间基因信息的基础上，综合传统村落所面临的现状问题，明确传统村落空间基因遗传保护的原则向度，提出具有针对性与可行性的空间基因遗传保护与有机发展策略建议，以期实现河湟地区传统村落空间文脉全面保护和村落建设与自然环境、文化传承三者共赢的双重目的。

1.5 研究方法与框架

1.5.1 研究方法

（1）田野调查法

本研究通过分时间、分区域方式对河湟地区传统村落进行全面的实地考察调研。

田野调查法包括现场踏勘、问卷、个人访谈三种方式。现场踏勘主要是对传统村落空间形态进行实地观测、拍照记录及重要节点测绘，获取重要的一手基础数据资源。问卷和个人访谈对象包括当地民宗委及相关规划建设主管部门负责人、村落主要领导和当地村民，了解和掌握传统村落空间风貌现状及振兴发展存在的主要问题。

（2）文献研究法

在对传统村落进行实地调研过程中收集相关史料文献资料及影像资料，如县志、民族志、申报资料等。同时，充分收集各类村落聚落、空间基因、空间形态、民族文化等相关研究的文献资料，通过分类、整合、归纳等方法，提取对本研究具有指导意义和参考价值的研究方法与内容，梳理河湟地区传统村落空间基因研究的理论脉络。

（3）定量分析法

本研究侧重采用定量分析法对河湟地区传统村落空间形态进行深层次研究，研究集成地图矢量化处理、地理空间分析、聚类统计分析、空间形态量化、网络分析等方法。通过卫星地图矢量化处理获取空间基因研究的基础数据，空间基因的量化可以将其形态表征以数字信息的形式量化描述。通过 SPSS 统计分析进行空间形态类型划分及差异性与相关性分析。借助复杂网络分析可以将空间基因信息从枯燥的数字形态转变为生动的可视化图谱进行呈现。地理空间分析揭示传统村落空间分布特征、影响因素和空间格局效应。通过 ArcGIS 将各种自然地理要素与人工要素地图的多类型"图层"录入并进行叠加分析，建立河湟地区传统村落空间基因信息数据库。

（4）质性分析法

质性分析通过自然探究模式进行资料收集、观察与分析其所蕴涵的社会意义[102]。相较于定性分析哲学思辨、演绎推理的研究方法和结论性、抽象性、概况性的研究结果，质性分析更注重在互动过程中对原始资料进行系统收集与分析的基础上展开讨论，是一种自然的，跟随事物动态发展的，突出被研究者主体地位的，具有很强解释性和归纳性的研究方法。河湟地区传统村落空间基因的研究，需要从空间形态表征类型入手，进而通过从表征到本质的解析过程梳理空间基因与空间形态之间的深层逻辑。传统村落空间形态复杂多样，数据源庞大，本研究借助质性分析法以客观数据为基础，通过对大量数据的客观整合，从而获得传统村落空间类型的客观解释与归纳，使研究结果更加科学。

（5）多学科交叉融汇法

本研究涵盖了环境科学、城乡规划、地理学、建筑学、统计学、生态学等诸多学科内容，涉及多方向学科交叉研究领域。因此，本研究借助多学科交叉融汇的研究方法，以人居环境科学和城乡规划学为基础，融合建筑学、人文地理学、社会学与民族学等相关知识和方法，多角度、多层次、多方面地开展融合研究。

1.5.2 数据来源

本研究基础数据来源及属性见表 1-1。

基础数据来源及属性　　　　　　　　　　　　　　　　表 1-1

数据	格式	精度	单位	时间	来源
DEM 数字高程模型	tif	12.5m	—	2020 年	美国国家航空航天局（NASA）地球科学数据网站
所有地图及底图	shp	1：1400 万	—	2020 年	自然资源部标准地图 GS(2020)4619
各级行政区划	shp	1：100 万	m^2	2021 年	自然资源部全国地理信息资源目录服务系统全国 1：100 万公众版基础地理信息数据
耕地、草地、林地等自然资源	tif	30m	—	—	自然资源部全国地理信息资源目录服务系统 Globe Land30 数据集
水系	shp	1：25 万	m	—	自然资源部全国地理信息资源目录服务系统全国 1：25 万公众版基础地理信息数据
道路	shp	1：25 万	m	—	自然资源部全国地理信息资源目录服务系统全国 1：25 万公众版基础地理信息数据
人口密度	tif	1km	人/km^2	2021 年	美国能源部橡树岭国家实验室 LandScan 全球人口密度数据集[103]
气温、降水量	tif	年度平均值	℃、mm	2020 年	中国科学院地理科学与资源研究所资源环境科学数据注册与出版系统中国气象要素平均状况空间插值数据集[104]
GDP	tif	1km	万元/km^2	2019 年	中国科学院地理科学与资源研究所资源环境科学数据注册与出版系统中国 GDP 空间分布公里网格数据集[105]
村落空间坐标及卫星影像图	tif	17～19 级	km^2	—	中科图新 LocaSpace Viewer 4
中国传统村落空间分布点	shp	—	—	2020 年	全球变化科学研究数据出版系统中国传统村落空间分布数据集[106-108]
中国历史文化名村空间分布点	excel	—	—	2019 年	全国一体化在线政务平台国家文物局综合行政管理平台

注：由于研究对象样本量有限，为了更好地对不同传统村落空间格局与空间基因的相关性与差异性特征进行解析，本书中所有相关性与差异性分析的显著性水平均设置为 1%、5%、10% 三个水平进行评估。

1.5.3 研究框架

本书研究框架如图 1-2 所示。

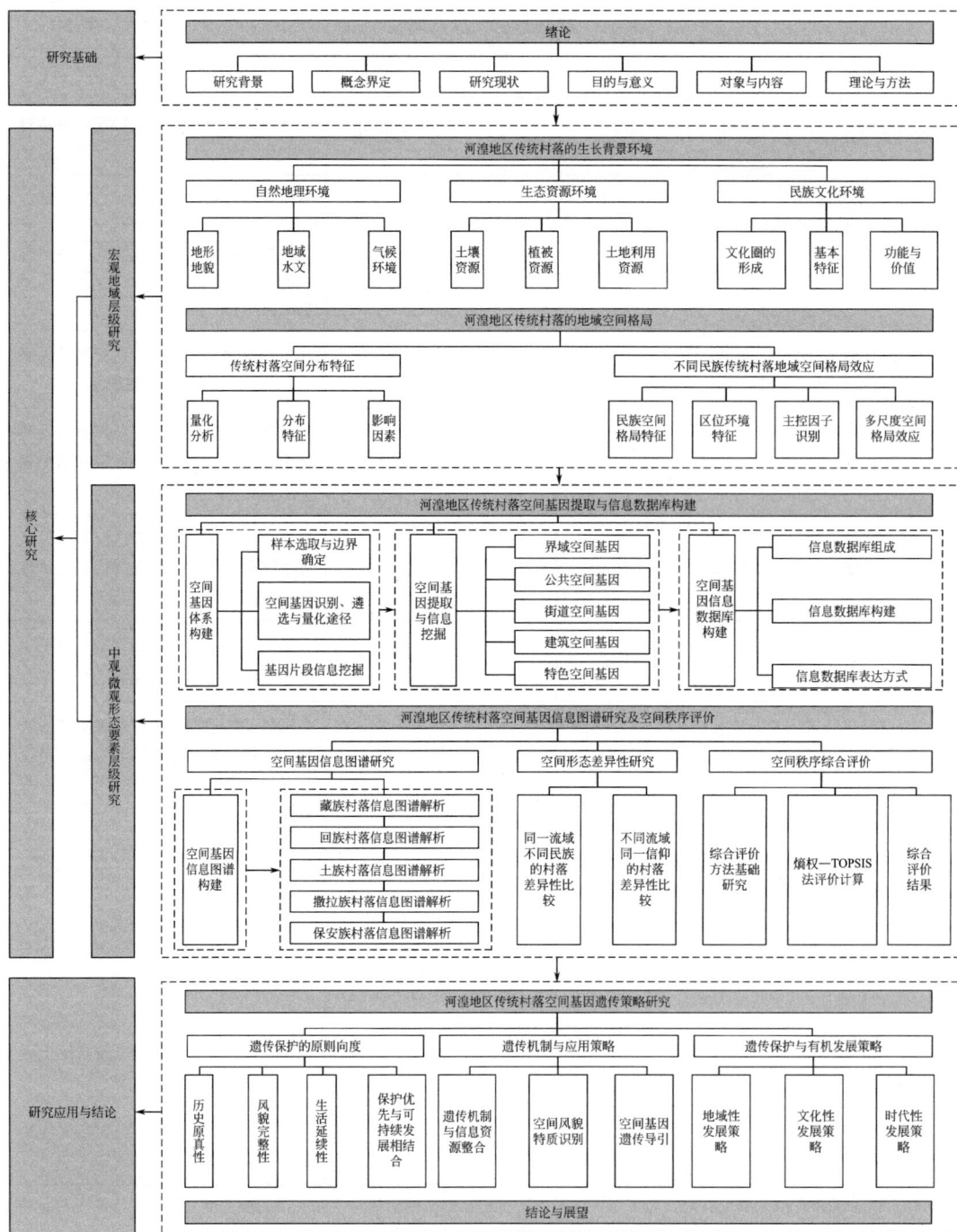

图 1-2 研究框架图

第二章

河湟地区传统村落的生长背景环境

2.1 河湟地区独特的自然地理环境

2.1.1 地理区位与地形地貌

　　河湟地区近乎是中国的地理几何中心，位于青藏高原与黄土高原的交汇地带，地处祁连山东段达坂山以南，日月山以东，甘南草原和黄南牧区以北，是黄河水系与湟水水系在达坂山、拉脊山和西倾山余脉之间游移冲击而成的河谷地带，独特的"三山夹两谷"地貌骨架构成一个相对独立的地理单元。"河湟地区"作为区域性地名形成于汉唐时期，得名与流经当地的黄河与湟水息息相关，其所涵盖的地理范围随着时代的变迁和历代行政区划的不同而不断变化，因此学术界对河湟地区的范围概念界定不一。本书中河湟地区的研究范围以现行行政区划为依据，位于北纬 $35°0'\sim37°28'$、东经 $100°52'\sim103°6'$ 之间，包括黄河流域的甘肃临夏回族自治州，青海贵德、尖扎、同仁、化隆、循化及湟水流域的西宁、湟源、大通、湟中、互助、平安、乐都、民和等市县，面积约 4.57 万 km^2，涵盖了古今各个时期"河湟"的主要地理区域，能真实地反映自然环境、历史文化对传统村落的综合影响（图 2-1）。

　　河湟地区地势自西向东倾斜，平均海拔 2500m 左右，是青藏高原地势最低的地区，域内坚硬的变质岩区形成了许多峡谷和山岭。由于黄河、湟水及其支流流经许多岩性和构造不同的区域，河流的侵蚀使沿河地带形成了不连续的黄土台地以及多级河流阶地，还冲积出一连串的宽谷盆地。沿黄河及湟水流域，峡谷、宽谷与盆地相间分布、一束一放，形成典型的串珠状河谷地貌。处于青藏高原和黄土高原过渡地带的河湟谷地，在地质构造的制约和水系发育的综合作用下，拥有山地、丘陵、峡谷、盆地等诸多不同的地貌形态，塑造出当地黄土低山丘陵沟壑地貌景观。

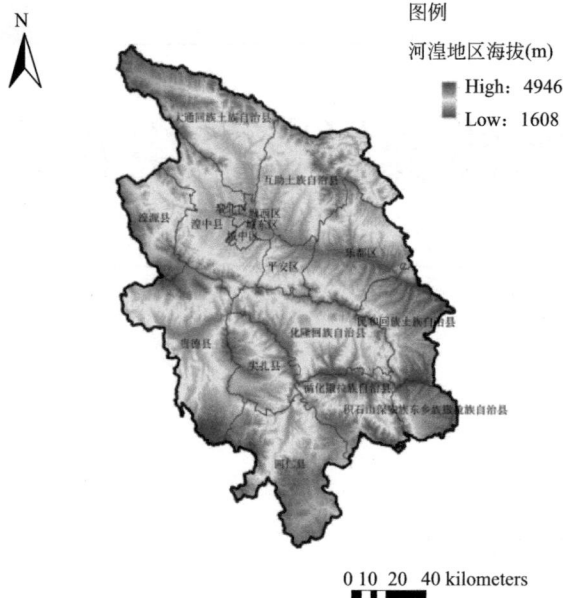

图 2-1 河湟地区地域范围示意图

2.1.2 地域水文与气候环境

河湟地区河流众多，沟壑纵横。主要由三大河流水系组成，即黄河干流、湟水河支流及大通河水系。

黄河，中国第二长河，发源于巴颜喀拉山北麓各姿各雅山下的约古宗列盆地。其正源卡日曲与约古宗列曲汇合成为玛曲，玛曲由东流入扎陵湖和鄂陵湖，之后沿山脉地势向东南而下，其中流经河湟地区的属黄河上游河段，位于青藏高原东北部，地跨青海、甘肃两省，总长约276km，是河湟地区的最长河。

湟水河，发源于海晏县包呼图山麓洪呼日哈，在流经湟源、湟中、西宁、乐都、民和后，至兰州的达川镇与黄河交汇。其干流长约374km，是黄河上游的最大支流，也是青海省的"母亲河"。

大通河，发源于祁连山托勒南山南麓，向东流经祁连县、门源县至民和县享堂村注入湟水河，水量剧增。河道长约561km，为湟水河最大支流。

河湟地区是中国西北干旱区、东部季风区、青藏高原高寒区三大自然区的交汇点，又是东部季风区的最西末端，特殊的地理区位赋予这里复杂而优越的气候条件。河湟地区是青藏高原的相对高温区，年均气温6.5~9.8℃，区域差异大。由于地理位置和海拔高度上的差异，河湟地区降水量分布极不平衡，年降水量276.0~523.3mm，个别地区超过600mm；降水集中且季节分配不均匀，一般夏季最多，冬季最少，且秋雨多于春雨。日照时数多，太阳辐射量大是河湟地区的主要气候特征之一，太阳辐射年总量在 5300～6400MJ/m² 之间。日照时数在 2600～3000h 之间，日照百分率在 56%～71% 之间。无霜期始于 4 月中下旬，周期 65～200d。总体而言，河湟地区气温相对温和，昼夜温差大，冬夏温差小，降水集中，雨热同期，日照时间长，太阳辐射强，气候地理分布差异大，垂直变化明显，气温随海拔升高而降低，降雨量随海拔升高而增大[109]。

2.2 河湟地区多样的生态资源环境

2.2.1 土地与土壤资源

根据青海省第二次土地调查数据显示，截至 2009 年 12 月 31 日，河湟地区面积为 456.9 万 hm²（6853.5 万亩），其中，耕地 36.4 万 hm²（546.0 万亩），占 7.96%；园地 0.14 万 hm²（2.1 万亩），占 0.03%；林地 92.2 万 hm²（1383.0 万亩），占 20.18%；草地 254.8 万 hm²（3822.0 万亩），占 55.77%；城镇村庄及工矿用地 6.3 万 hm²（94.5 万亩），占 1.37%；交通运输用地 2.1 万 hm²（31.5 万亩），占 0.47%；水域及水利设施用地 29.7 万 hm²（445.5 万亩），占 6.49%；其他土地 35.3 万 hm²（529.5 万亩），占 2.73%。

2.2.2 植被与资源利用

河湟地区域内地形复杂，局部小气候明显，植被种类也较丰富。由海拔从高到低大致可分为高山草甸、灌丛草甸、山地高原、山地森林、干旱草原等 5 个植被类型带。该地区是青海省主要农业区，以只占青海 1/30 的面积，养育了青海 3/4 的人口。河谷两岸一、二级阶地的地势平坦，土地肥沃，气候条件良好，是主要的种植区。黄河谷地河床较窄，水流湍急，农业规模相对较小，但水热条件较好，适种冬小麦、玉米、蔬菜瓜果等喜温作物。湟水谷地，分布着肥沃的良田，种植历史悠久，是青海省主要高产区，河谷两岸的丘陵地区和海拔 3200m 以下的山区，分布着大量的耕地，是主要旱作农业区。种植业布局主要类型有：谷地小麦果菜复种类型区，谷地小麦蚕豆单作类型区，低山麦豆薯绿肥轮作类型区，高山青稞油菜轮作类型区，高山饲草饲料牧业类型区。大通河谷地势低平，降水较多，气候比较湿润，林草丰茂，但热量不足，可种植喜凉的油菜、青稞等作物，是青海省主要的林业和油菜基地。

2.3 河湟地区多元的民族文化环境

2.3.1 河湟文化圈的历史演进

河湟地区是黄河流域人类活动最早的地区之一。自古以来多民族在这一地区繁衍生息，耕牧其间，创造了辉煌灿烂的河湟文化。同时，河湟文化兼容草原文化和农耕文化两大走廊的文化内容，作为黄河流域源头文化的重要标志，与河套文化、中原文化、齐鲁文化一起，共同构成黄河文明和中华文明的重要组成部分。

作为黄河流域早期人类文明的重要发祥地，河湟地区凭借其优越的地理环境与生态条件，为古代先民的生存与发展提供了重要基础。考古学研究表明，该区域在新石器时代已孕育出卡约文化、马家窑文化和齐家文化等具有代表性的史前文明。在历史演进过程中，河湟文化以古羌戎文化为基底，通过持续吸纳中原文明、游牧文明及西域文明的精髓，逐步形成了独特的文化体系。现今，该地区已构建起以儒家文化、藏传佛教文化和伊斯兰文化为主的多元文化系统，汇聚了汉族、藏族、回族、蒙古族、土族、撒拉族、保安族等十余个民族的文化元素。

2.3.2 河湟文化的基本特征

（1）地域性特征

河湟地区地处青藏高原东缘，平均海拔介于 1650～2500m 之间，具有典型的高原河谷地貌特征。区域内黄河及其支流湟水河等水系发达，形成了独特的"农业—牧业"交错带生态系统。这种特殊的地理环境造就了河湟文化独特的地域性：一方面，受游牧文化影响，表现出刚毅豪放的文化特质；另一方面，受农耕文明熏陶，形成了循规蹈矩、保守务实的文化性格。这种二元文化特征的形成与区域自然环境具有显著的相关性。

（2）多元性特征

河湟地区作为多民族聚居区，其文化构成呈现出显著的多元性特征。区域内不仅分布着汉族、藏族、回族等主要民族，也是土族、撒拉族、保安族等特有民族的主要聚居地。各民族在语言、信仰、民俗等方面保持着鲜明的文化特色，形成了"大杂居、小聚居"的立体分布格局。其中，汉族代表的儒家文化、藏族和土族代表的藏传佛教文化、回族和撒拉族代表的伊斯兰文化构成了三大文化系统，形成了多元并存、交相辉映的文化景观[110]。

（3）互融性特征

千年以来，在我国存在一条由大兴安岭沿长城沿线至河套一带，再由河湟地区转而南下，然后沿青藏高原的东缘，直达滇西北与西藏山南地区的半月形文化传播带。因此，河湟文化始终表现出对外来文化的融合改造、兼收并蓄的互融性特征。

河湟文化的互融性体现在两个层面：其一，作为历史上"边地半月形文化传播带"的重要节点，河湟地区承担着中原文化与边疆文化交融的重要功能[111]。其二，河湟地区还联系着内地与西藏高原唐蕃古道，是中外交通、民族混杂的核心区域[112]。区域内各民族文化的深度互融，以儒学为代表的汉文化在河湟地区的传播，促进了少数民族从游牧文明向农耕文明的转型。同时，少数民族文化元素也持续融入汉文化系统，使儒家文化呈现出显著的河湟地域特色。

2.3.3　河湟文化的功能价值

（1）促进社会稳定与民族认同

河湟地区多元文化格局的形成，有效维系了区域社会稳定。儒家文化、藏传佛教文化和伊斯兰文化三大系统保持均衡态势，各民族通过经济互补和文化交流建立了紧密的共生关系。这种基于经济依存的文化认同，为中华民族共同体的构建提供了重要支撑[113]。

（2）推动文化创新与区域发展

河湟地区作为多元文化交汇的枢纽，其文化发展呈现出显著的创新性。中原儒家文化、藏传佛教文化和伊斯兰文化在传播过程中均发生了适应性变迁，形成了独特的区域文化形态。这种文化创新不仅促进了各民族的共同进步，也为区域社会发展提供了持续动力。同时，丰富的民族文化资源为当代民族村落的保护与发展研究提供了重要参考。

第三章

河湟地区传统村落的地域空间格局

3.1 河湟地区传统村落的地域空间分布特征

3.1.1 河湟地区传统村落空间分布量化分析

为了更科学、深入地揭示河湟地区传统村落的地域空间分布特征，本书在对 106 个传统村落地理数据和空间信息全面统计基础上，借助最邻近分析、地理集中指数、不均衡指数和核密度分析等地理信息系统平台（ArcGIS）空间分析模型对传统村落的空间分布规律及影响因素进行量化解析。

3.1.1.1 最邻近分析

人类生物学家克拉克（P. J. Clark）和埃文斯（F. C. Evans）早在 1954 年分析种群空间关系分布特征的研究中就首次提出最邻近分析法[114]。然而当时的分析方法尚不完善。后来英国学者平德（D. A. Pinder）和威瑟里克（M. E. Witherick）对此方法进行改进优化，使最邻近分析法可以对任意空间点要素进行分布类型的研究[115]。区域内空间点的分布类型可分为凝聚、均匀和随机三种情况，将河湟地区传统村落抽象为点元素，采用最邻近点指数 R 来分析村落点元素在地理空间中的相互邻近程度，以此判断村落的分布类型特征，见式（3-1，3-2）：

$$R = \bar{r}_i / r_E \tag{3-1}$$

$$r_E = 1/2 \sqrt{n/A} \tag{3-2}$$

其中，R 为村落点元素最邻近指数；$\bar{r}_i$ 为每个村落点到最邻近村落点实际距离的平均值；r_E 为村落点元素随机分布时的理论最邻近距离；n 为村落点元素总数；A 为研究区域面积。当 $R < 1$ 时，村落点元素呈现凝聚分布类型；当 $R = 1$ 时，村落点元素呈现随机分布类型；当 $R > 1$ 时，村落点元素呈现均匀分布类型。

3.1.1.2　地理集中指数

地理集中指数 G 可用来描述研究对象在研究范围内各个分区空间的集中化程度，这里是用来计量河湟地区传统村落集中程度的重要指标，见式（3-3）：

$$G = 100\sqrt{\sum_{i=1}^{n}(X_i/T)^2} \tag{3-3}$$

本书以河湟地区的县域区划作为分区空间进行村落集中程度的研究，则上述公式中，G 为村落的地理集中指数；n 为河湟地区县域个数；X_i 为第 i 个县域所拥有的传统村落数量；T 为河湟地区传统村落总数量。G 的取值区间为 $[0, 100]$。假设村落完全平均分布时，则 $G=G_0$；若 $G>G_0$，表示村落在县域空间集中分布；若 $G<G_0$，表示村落在县域空间分散分布。G 值越大表示村落在县域空间分布越集中，反之则越分散。

3.1.1.3　不均衡指数

不均衡指数 S 是衡量研究对象空间分布均衡程度的重要指标。本书同样以县域区划作为分区空间，用不均衡指数来描述河湟地区传统村落的分布均衡程度，见式（3-4）：

$$S = \frac{\sum_{i=1}^{n}Y_i - 50(n+1)}{100n - 50(n+1)} \tag{3-4}$$

其中，S 为村落的不均衡指数；n 为河湟地区县域个数；Y_i 为各县域传统村落数量在传统村落总数量中所占比重从大到小排序后第 i 位的累计百分比。S 的取值区间为 $[0, 1]$，若 $S=0$，表示所有村落均匀分布在各县域内；若 $S=1$，表示所有村落全部集中在一个县域内，分布极不均衡。

3.1.1.4　核密度分析

通过对河湟地区传统村落点元素进行分布密度分析，可直观反映传统村落在河湟地域的凝聚离散程度。统计学中对于随机变量分布密度的函数问题有参数和非参数两种算法，本书采用非参数的核密度分析法来计算村落点元素的密度空间分布，相较参数法而言，不需要对数据分布进行假设，用平滑的峰值函数"核"对研究数据点的真实概率分布曲线进行拟合，以 x_1、x_2、$\cdots$、x_n 为分布于研究范围内的 n 个样本点，其概率核密度估值见式（3-5）：

$$f_{(x)} = \frac{1}{nh}\sum_{i=1}^{n}k\left(\frac{x-x_i}{h}\right) \tag{3-5}$$

其中，$f_{(x)}$ 为村落点元素的概率核密度估值；n 为村落点元素样本数；h 为带宽；k 为核权重函数；$x-x_i$ 为密度估值点 x 到事件点 x_i 的距离。$f_{(x)}$ 越大表示村落空间分布的凝聚程度越高。

3.1.2 河湟地区传统村落的空间分布特征

3.1.2.1 空间分布类型和位置特征

运用 ArcGIS 空间统计中的平均最邻近距离工具对河湟地区所有传统村落点元素进行计算，得到观测平均距离为 4.97km，期望平均距离为 10.38km，最邻近指数 $R=0.479<1$，Z 得分为 -10.269，显著性水平 p 值为 0.000，表征河湟地区传统村落在地域空间分布上呈现凝聚分布类型（图 3-1）。

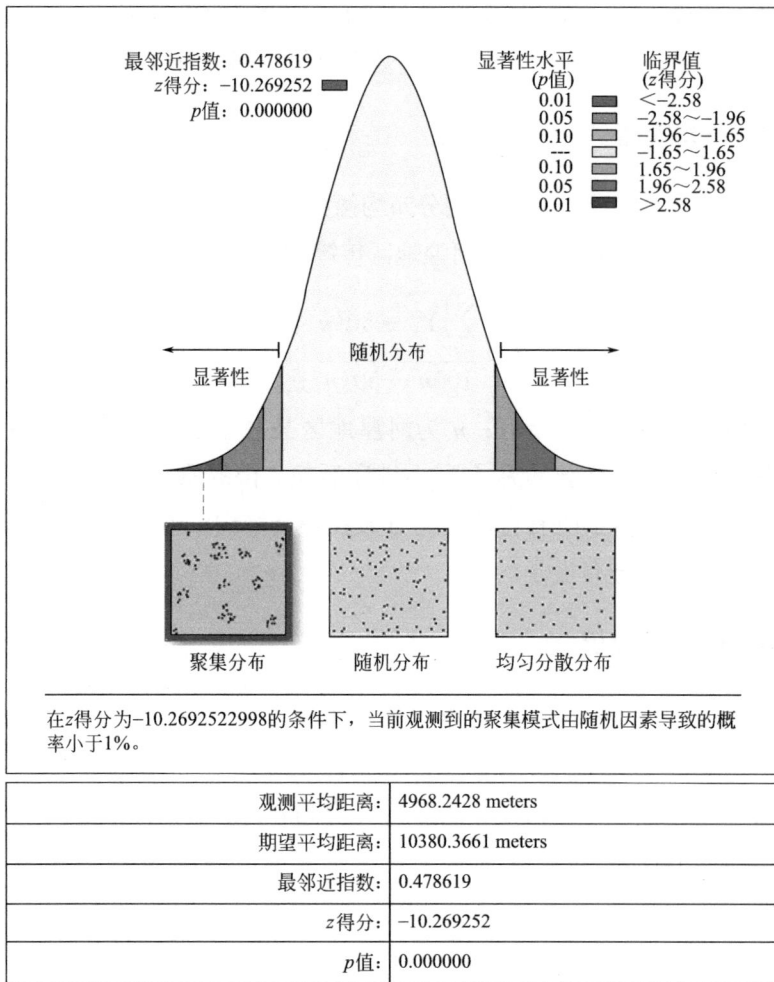

观测平均距离:	4968.2428 meters
期望平均距离:	10380.3661 meters
最邻近指数:	0.478619
z 得分:	−10.269252
p 值:	0.000000

图 3-1　最邻近指数分析图

利用 ArcGIS 空间分析中的核密度分析工具对河湟地区所有传统村落点元素进行计算。传统村落以村为单位且村落规模大小不一，在核密度分析过程中，带宽是影响密度分析结果呈现的主要因素，搜索带宽过小会使许多研究点无法在有效缓冲区相交而单独成级，搜索带宽过大则各级别密度区难以呈现差异性。结合对不同带宽的分析结果及其能否呈现研究对象分布特征的直观性进行多次试验，最终设置带宽为25km，以像元大小30m×30m进行分析，并利用自然断点法进行等级划分。

从核密度分析图可以看出（图3-2），河湟地区传统村落总体呈现出明显的"三核心—多散点"的空间分布特征，河湟地区高密度集聚区分布在黄河以南的循化县和同仁县，并形成以循化县和同仁县为中心的黄河流域双核延绵带；次密度集聚区分布在湟水以北的互助县，并以互助县为单核中心带动周边形成湟水流域延绵带，其他区域的传统村落呈现多散点、斑块状的低密度分布。

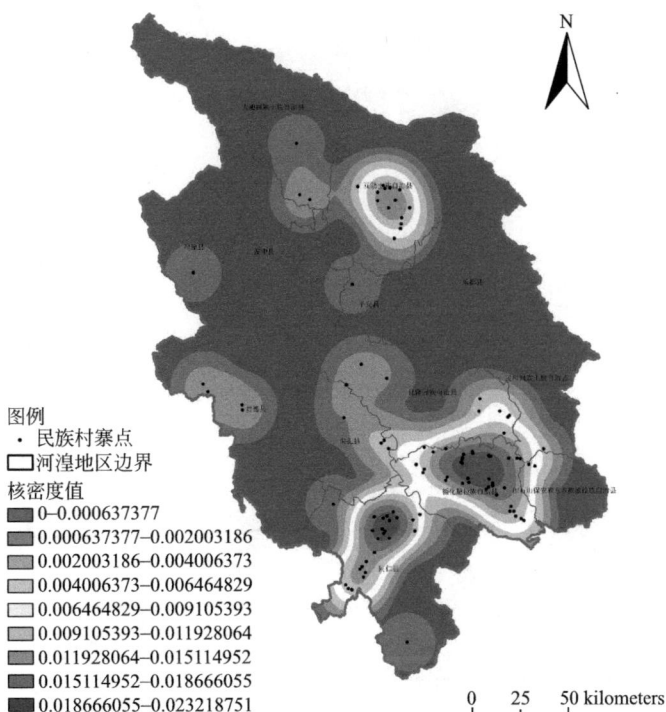

图例
· 民族村寨点
☐ 河湟地区边界
核密度值
■ 0–0.000637377
■ 0.000637377–0.002003186
■ 0.002003186–0.004006373
■ 0.004006373–0.006464829
■ 0.006464829–0.009105393
■ 0.009105393–0.011928064
■ 0.011928064–0.015114952
■ 0.015114952–0.018666055
■ 0.018666055–0.023218751

0　25　50 kilometers

图3-2　河湟地区传统村落核密度分析图

河湟地区传统村落的民族属性主要为藏族、回族、土族、撒拉族和保安族，其村落数量占比分别为56.6％、2.8％、16％、22.6％和1.9％（表3-1）。藏族、撒拉族和土族村落合计占比95.2％，为本地区的主要传统村落。为了呈现各民族在空间位置、行政区划（县域）上的位置特征，分别计算各传统村落的核密度、重心位置与各县域的分布密度。

河湟地区传统村落的民族属性统计　　　　　　　　表3-1

民族属性	藏族	回族	土族	撒拉族	保安族
村落数量(个)	60	3	17	24	2
占比(%)	56.6	2.8	16	22.6	1.9

　　使用 ArcGIS 以河湟地区不同民族的村落点元素进行核密度分析，可得到不同民族的村落核密度热力图，再以县域为单位提取各传统村落的分布密度值（图 3-3）。从村落空间分布密度来看，藏族村落高密度集中在同仁县西北部、循化县东南部和化隆县东部；回族村落多见于大通县中南部和平安县西北部；土族村落主要集中分布在互助县中部；撒拉族高密度值出现在循化县中部偏北区域和化隆县南部；保安族居于积石山县西北部。总体而言，各传统村落的高密度值集中区域各异，具有显著的民族属性自相关性。

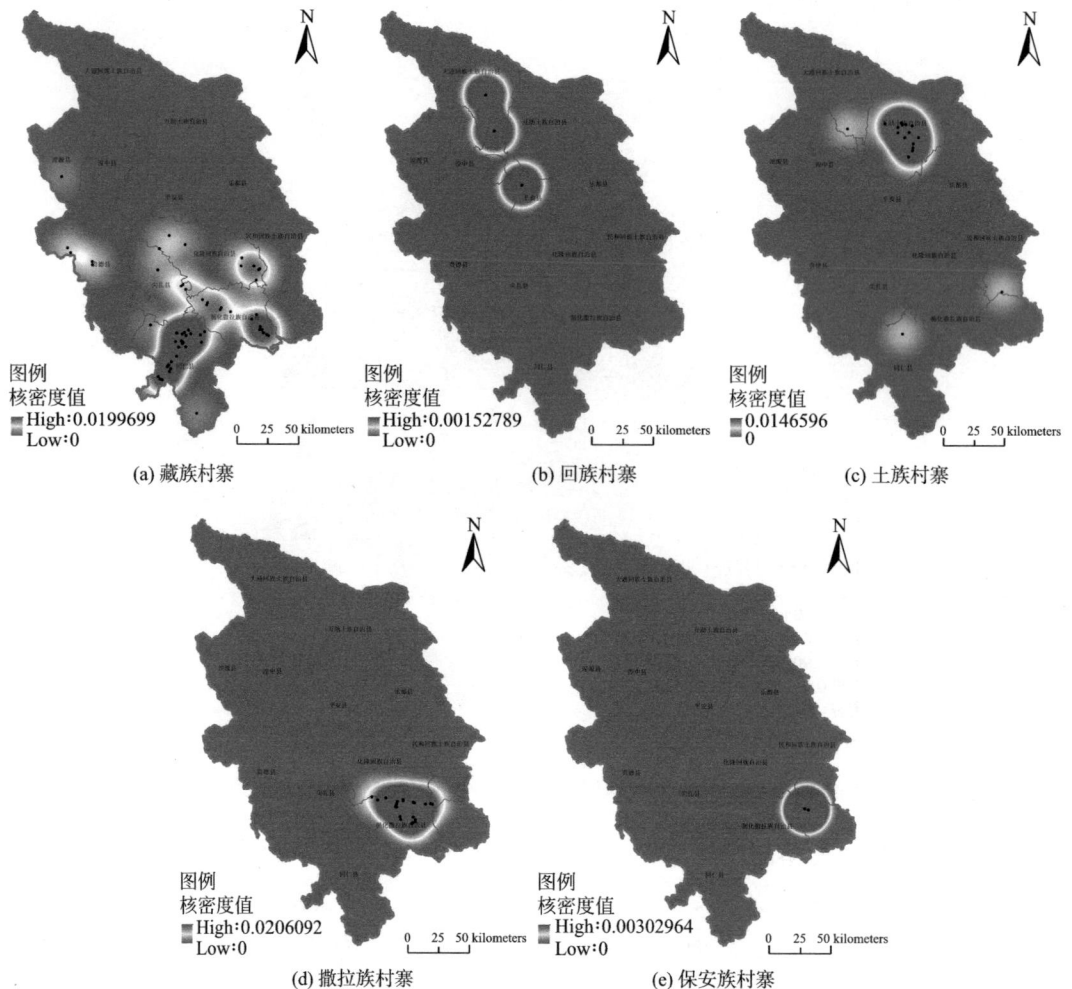

图例
核密度值
■ High：0.0199699
Low：0
0　25　50 kilometers
(a) 藏族村寨

图例
核密度值
■ High：0.00152789
Low：0
0　25　50 kilometers
(b) 回族村寨

图例
核密度值
■ 0.0146596
0
0　25　50 kilometers
(c) 土族村寨

图例
核密度值
■ High：0.0206092
Low：0
0　25　50 kilometers
(d) 撒拉族村寨

图例
核密度值
■ High：0.00302964
Low：0
0　25　50 kilometers
(e) 保安族村寨

图 3-3　不同民族的村落核密度热力图

　　在 ArcGIS 中使用 Mean Center 工具得到各传统村落点元素的重心坐标，再利用 Excel 做出重心位置分布图（图 3-4）。从村落空间分布重心位置来看，自南向北依次为：藏族、保安族、撒拉族、土族和回族村落；从西往东依次为：回族、土族、藏族、撒拉族和保安族村落。总体而言，回族村落在空间位置上最靠西和北，藏族最靠南，保安族最靠东。

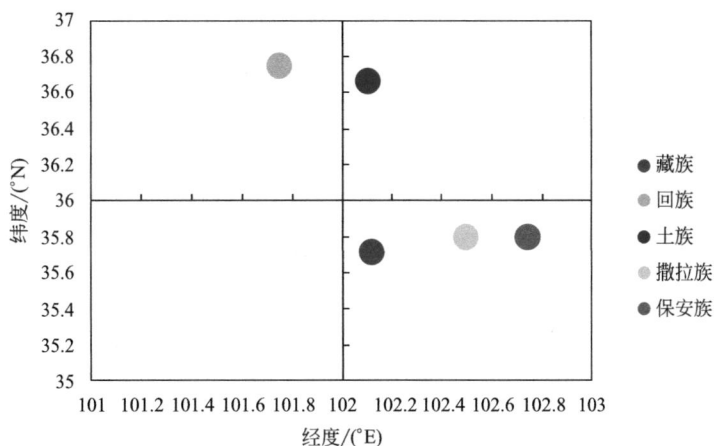

图 3-4　各传统村落空间分布重心位置

从村落县域行政区划来看（图 3-5），藏族村落主要分布在同仁县、循化县、尖扎县、化隆县、贵德县和湟源县，分布密度分别是 0.0058、0.0051、0.0021、0.0019、0.0007 和 0.0004。撒拉族聚居在循化县和化隆县，分布密度为 0.0084 和 0.0002。土族聚居地在互助县、大通县和同仁县，其分布密度为 0.0029、0.0002 和 0.0002。回族和保安族总体密度较低，回族村落分布于平安县和大通县，分布密度为 0.0009 和 0.0004；保安族集中在积石山县，分布密度为 0.0015。总体而言，同仁县和循化县是藏族村落分布最为集中的区域，循化县是撒拉族最主要的聚居地，互助县为土族最主要的聚居区，其他民族呈散布状态。

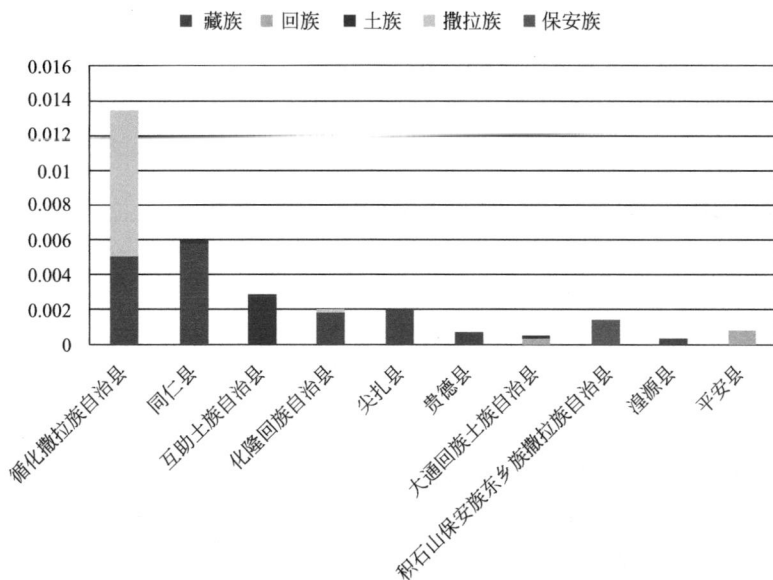

图 3-5　各传统村落在行政区划上的分布密度

3.1.2.2　空间分布集中和均衡程度

从表3-2可以看出，河湟地区106个传统村落分布在10个县域内。通过公式（3-3）计算可得地理集中指数$G=47.84\%$。若村落在理想状态下完全平均分布于每个县域，则$G_0=31.62\%$。由于$G>G_0$，表明河湟地区传统村落在县域空间呈集中分布且集中程度较高。

河湟地区传统村落县域分布情况　　　　　　　　　　　　表3-2

县域名	村落数量（个）	比重（%）	累计百分比（%）
循化撒拉族自治县	37	34.91	34.91
同仁县	29	27.36	62.26
互助土族自治县	15	14.15	76.42
化隆回族自治县	9	8.49	84.91
尖扎县	5	4.72	89.62
贵德县	4	3.77	93.40
大通回族土族自治县	3	2.83	96.23
积石山保安族东乡族撒拉族自治县	2	1.89	98.11
湟源县	1	0.94	99.06
平安县	1	0.94	100.00

将河湟地区各县域传统村落按数量所占比重从大到小排序并统计累计百分比情况，根据公式（3-4），计算得出不平衡指数$S=0.633>0$，表明河湟地区传统村落在各县域分布不均衡。根据统计数据生成的洛伦兹曲线可以得出同样的结论，传统村落县域分布洛伦兹曲线距离均匀分布线较远，弯曲弧度较大，更加直观地反映了该地区村落分布的不均衡性（图3-6）。循化撒拉族自治县、同仁县、互助土族自治县3个县域的村落累计比重就达到76.42%。

3.1.3　河湟地区传统村落的空间分布影响因素分析

3.1.3.1　地理环境因素

（1）海拔因素。河湟地区传统村落主要环绕分布在西倾山北麓，集中分布在祁连山脉东段的达坂山以南。河湟地区地势总体西高东低，海拔范围在1608～4946m之间，平均海拔2934.4m，相对高差达3300余米，高差之大实为罕见（图3-8a）。不同海拔高度对于传统村落的垂直地理空间分布有重要影响。通过将村落样本点与河湟地区DEM数据叠合，利用ArcGIS空间分析工具提取各村落的海拔数据，并采用自然断点法将海拔划分为5个等级，分别为Ⅰ级（1608～2380m）、Ⅱ级（2380～2825m）、Ⅲ

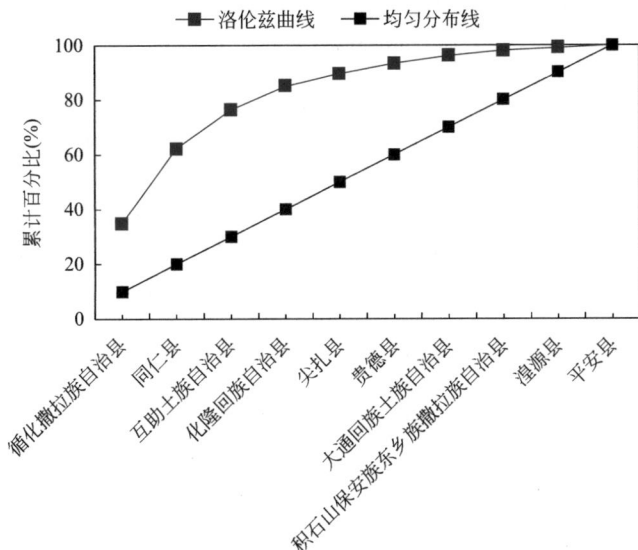

图 3-6 河湟地区传统村落县域分布洛伦兹曲线

级（2825～3257m）、Ⅳ级（3257～3715m）、Ⅴ级（3715～4946m）。统计结果显示，村落数量在Ⅰ级和Ⅱ级区间内随海拔高度升高而缓慢增加，以2825m为区分点，呈急速断崖式减少的分布状态。分布在Ⅰ级和Ⅱ级海拔区间的村落数量占比高达84%，且2个等级的村落数量相差不大，说明绝大部分村落处于海拔2825m以下的位置（图3-7）。

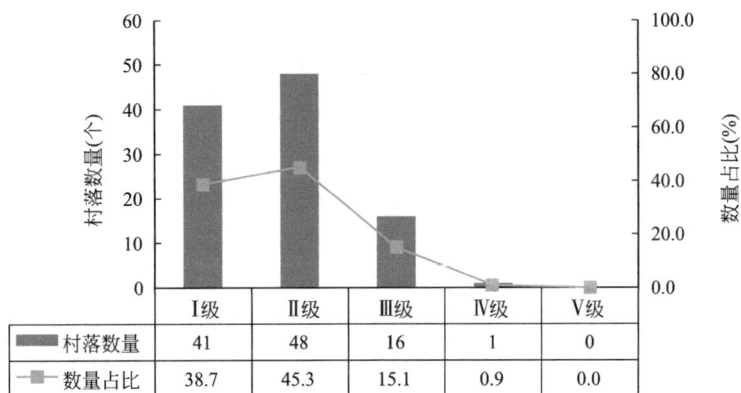

	Ⅰ级	Ⅱ级	Ⅲ级	Ⅳ级	Ⅴ级
村落数量	41	48	16	1	0
数量占比	38.7	45.3	15.1	0.9	0.0

图 3-7 河湟地区传统村落海拔分布统计图

（2）地貌因素。河湟地区山川相间，地貌多样，不同地貌环境造就不同生物气候的垂直分异明显（图3-8b）。河湟谚语有云："一山有四季，十里不相同"，当地根据海拔高度习惯将地貌分为川水地区（1650～2200m）、浅山地区（2200～2700m）、脑山地区（2700～3200m）和高山地区（3200m以上）。从统计结果可以看出，河湟地区传统村落的地貌分布呈现出"两头小，中间大"的正态特征，分布在浅山地区的数量最多，传统村落数量47个，占比达44.3%；其次分布于脑山地区和川水地区，传统村落数量分别为 29 个和 28 个，占比分别为 27.4% 和 26.4%，高山地区不宜生存，村落数量仅 2 个，占比 1.9%（图 3-9）。川水地区水热条件好，地势平坦且土质深厚肥沃，阶地较宽，土壤肥沃，水源充足。浅山地区热量条件较好，气候温暖但干旱缺水，形成耕地同草地相间分布的景观格局。脑山地区水量充足，但热量不足，一般为草原牧场、灌丛与森林地带。因此，河湟谷地形成川水地耕种、浅山地耕地与牧地相间、脑山地放牧这样一种垂直立体的多种经济类型的景观特征。海拔 3200m 以上为高寒草甸草原或寒冻风化裸露地。

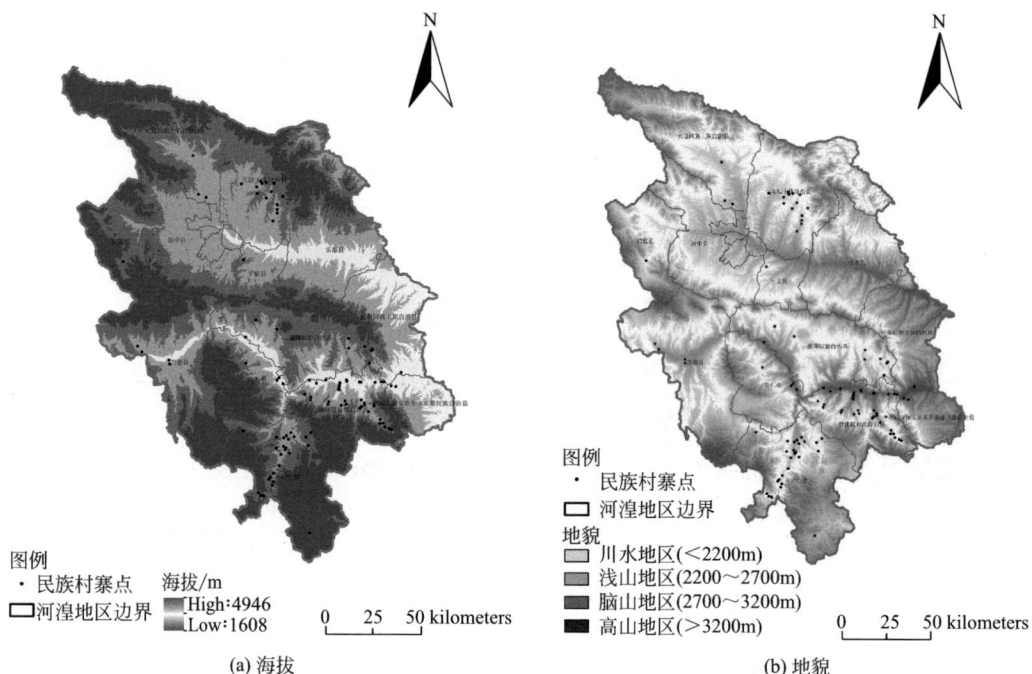

(a) 海拔 (b) 地貌

图 3-8 河湟地区传统村落海拔、地貌分布图

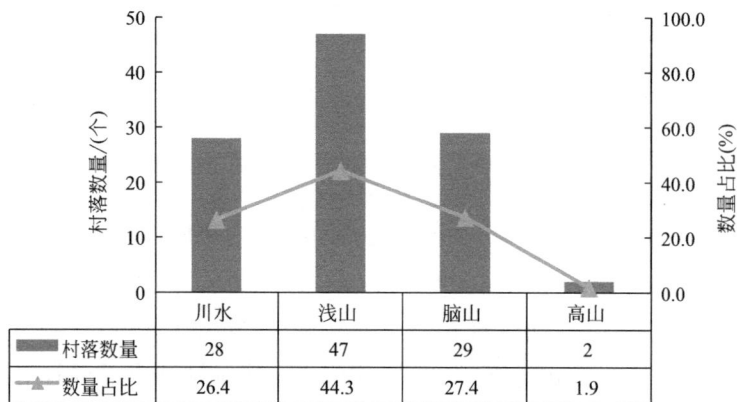

	川水	浅山	脑山	高山
村落数量	28	47	29	2
数量占比	26.4	44.3	27.4	1.9

图 3-9 河湟地区传统村落地貌分布统计图

（3）坡度因素。河湟地区地处黄土高原与青藏高原的过渡地带，山大谷深，地势起伏率大，坡度是从宏观层面描述地势起伏变化的重要指标，也是影响河湟地区传统村落空间分布的重要因素。根据国际地理联合会地貌调查地貌制图委员会在《详细地貌制图手册》中进行的坡度分类，将坡度划分为平地（≤2°）、缓斜坡（2°～6°）、斜坡（6°～15°）、中度陡坡（15°～25°）、陡坡（＞25°）5 个区间等级（图 3-11a）。使用 Arc-GIS 的 3D 分析工具提取各村落的坡度数据，根据统计结果可知，分布在平地、缓斜坡、斜坡和中度陡坡地带的村落分别为 4.7％、50.9％、40.6％和 3.8％，表明河湟地区传统村落绝大部分集中在缓斜坡和斜坡地带（共 91.5％），坡度 15°以下适宜耕种的低缓斜坡和平地地带仅占河湟地区总面积的 39.2％，耕地资源稀缺，因此，村落营建需要让出平缓山麓用于耕作（图 3-10）。古语有云："高毋近阜而水用足，下毋近水而沟防省[116]"。将村落构筑在山腰坡地，采取与地形结合的建造方式，既提高土地利用效率，又可避免水患的潜在威胁，凸显河湟人民的营建智慧。全国农业区划委员会《土地利用现状调查技术规程》指出[117]，坡度超过 25°的陡坡地带不能耕种，不满足人居环境条件，故无民族在此择址建村。

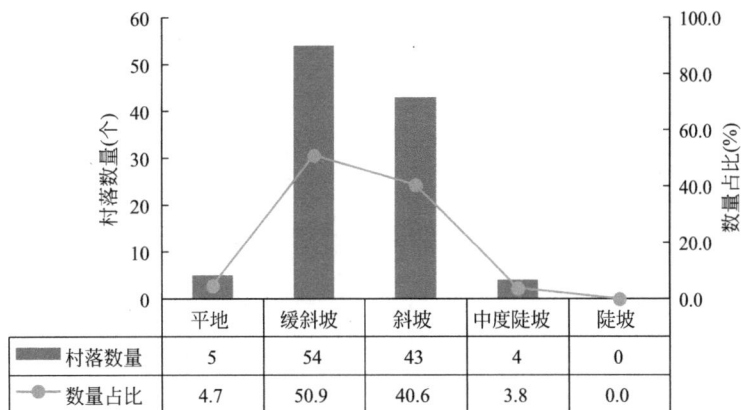

	平地	缓斜坡	斜坡	中度陡坡	陡坡
村落数量	5	54	43	4	0
数量占比	4.7	50.9	40.6	3.8	0.0

图 3-10　河湟地区传统村落坡度分布统计图

（4）坡向因素。坡向指局部地表坡面在三维空间的方位朝向，对于河湟地区传统村落的日照时长、太阳辐射强度和山地生态有着重大影响。本书将河湟地区坡向划分为背阴斜坡（0～45°、315°～360°）、半背阴斜坡（45°～135°）、向阳斜坡（135°～225°）和半向阳斜坡（225°～315°）4 个方位区间（图 3-11b）。此外，可取位于半背阴斜坡和半向阳斜坡的村落数量的一半，加上向阳斜坡的村落数量，再除以村落总数，计算得出"阳坡率"来量化表征传统村落选址的方位考量。运用 ArcGIS 的 3D 分析工具提取各村落的坡向数据，由统计结果可知，河湟地区传统村落分布在半向阳斜坡的数量略多，占 30.2％，其余 3 个方位区间的数量趋近，占比分别为 23.6％（背阴斜坡）、23.6％（半背阴斜坡）和 22.6％（向阳斜坡），整体分布较均衡，阳坡率仅为49.5％（图 3-12）。根据实际情况来看，河湟地区日照时数长，太阳辐射强，光能资源丰富，加之气温日差较大，既有利于植物的光合作用和生育期干物质的积累，也在一定程度上弥补了该地区的热量不足，使种植业、畜牧业以及森林的分布上限达到我国其他地区罕有的高度。为了提高生态资源质量，规避太阳高辐射带来的危害，村落的选址没有一味追求向阳坡面，而是结合地形选址合适的方位朝向来适应现实环境。

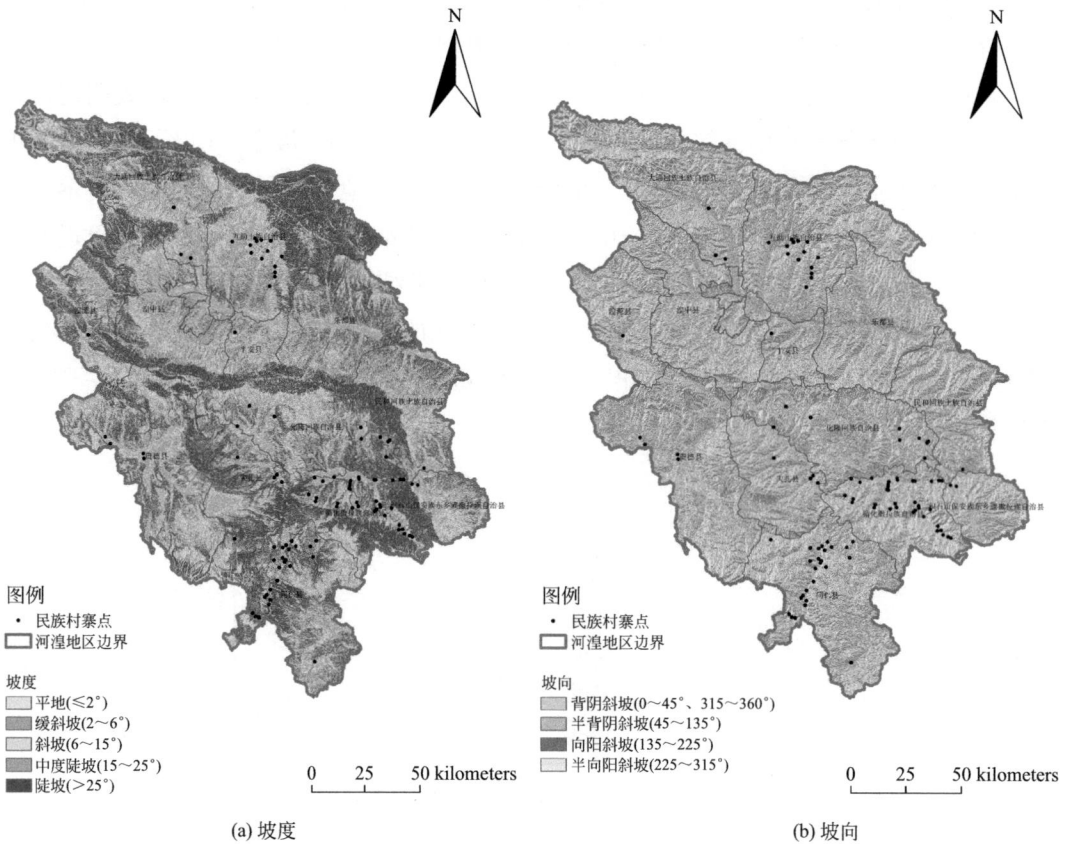

(a) 坡度　　　　　　　　　　　　　　　(b) 坡向

图 3-11　河湟地区传统村落坡度、坡向分布图

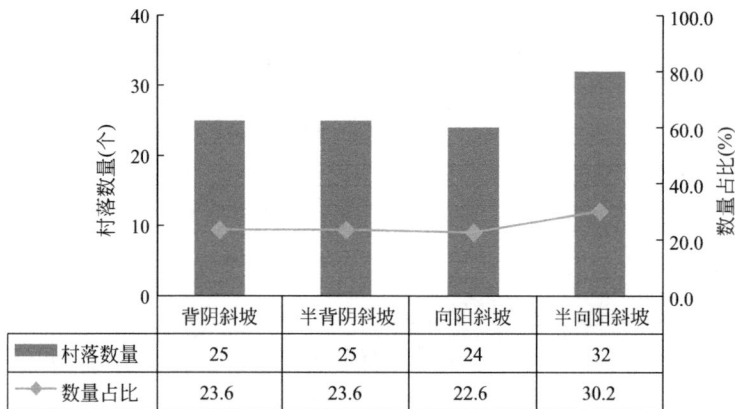

	背阴斜坡	半背阴斜坡	向阳斜坡	半向阳斜坡
村落数量	25	25	24	32
数量占比	23.6	23.6	22.6	30.2

图 3-12　河湟地区传统村落坡向分布统计图

3.1.3.2　河流水系因素

河湟域内黄河水系自西向东贯穿全境,并发育一级支流湟水河与隆务河、二级支流大通河。附着于这些主要河流的支流更是数量众多,交错密布。河流水系是河湟地区传统村落选址布局的重要参考因素,更是村落生存发展的重要资源,不但为当地居民提供了生存必需的水源和肥沃的土壤,在早期还是各民族迁徙流动的交通水道,在维持居民的生活、生产、健康、经济等方面起到重要作用。本书通过村落与河流距离和村落所邻近的河流等级两个层面分析河湟地区传统村落分布与河流水系的关系。

为了更全面地解析河湟地区传统村落选址与河流的距离关系,本文使用 ArcGIS 空间邻近分析工具分别提取了传统村落与六级及以上全部河流最邻近距离和村落与三级及以上主要河流的最邻近距离数据,以 500m 为间距单位将村落与六级及以上全部河流距离划分为 4 个等级,以 2km 为间距单位将村落与三级及以上主要河流距离划分为 6 个等级(图 3-13)。统计结果发现,在村落与六级及以上全部河流在空间分布上呈现出距水系越远,村落数量越少的规律,其中距河流 500m 及以上和 500~1000m 的村落数量共占 89.6%,可见河湟地区传统村落普遍具有逐水而居的特征(图 3-14)。在村落与三级及以上主要河流的距离则呈现出"两头高、中间低"的 U 形分布特征,其中距河流 2km 及以上和 10km 以下的村落数量分别占 40.6% 和 36.8%(图 3-15)。通

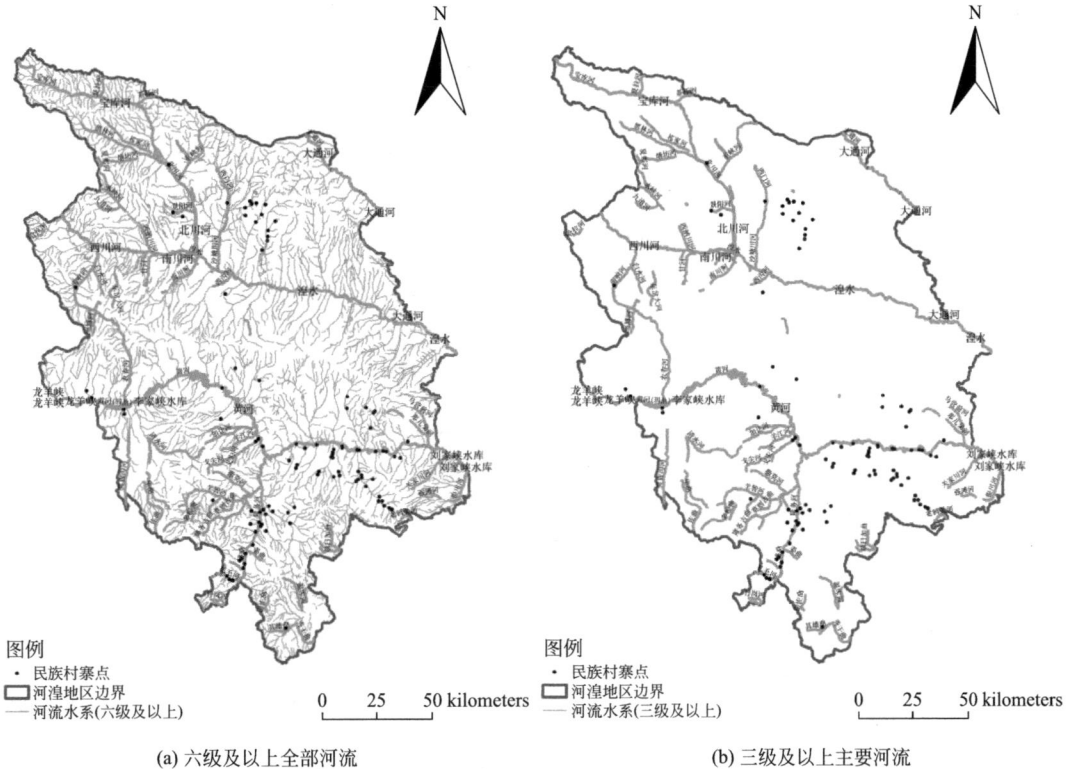

图例
- · 民族村寨点
- □ 河湟地区边界
- —— 河流水系(六级及以上)

0　25　50 kilometers

(a) 六级及以上全部河流

图例
- · 民族村寨点
- □ 河湟地区边界
- —— 河流水系(三级及以上)

0　25　50 kilometers

(b) 三级及以上主要河流

图 3-13　河湟地区传统村落沿河流水系分布图

过对两组数据进行配对样本 Wilcoxon 符号秩检验的结果显示，基于变量六级及以上河流距离配对与三级及以上河流距离，显著性 P 值为 0.000，因此六级及以上河流距离与三级及以上河流距离之间存在显著性差异，其 *Cohen's d* 值为 1.329，差异幅度非常大（表 3-3）。由此可看出河湟地区传统村落沿河流水系分布表现出"亲水且敬水"的特征。

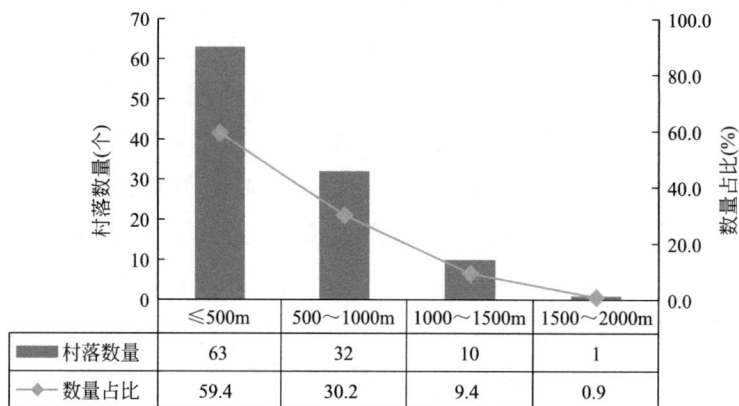

	≤500m	500～1000m	1000～1500m	1500～2000m
村落数量	63	32	10	1
数量占比	59.4	30.2	9.4	0.9

图 3-14　河湟地区传统村落与六级及以上全部河流距离统计图

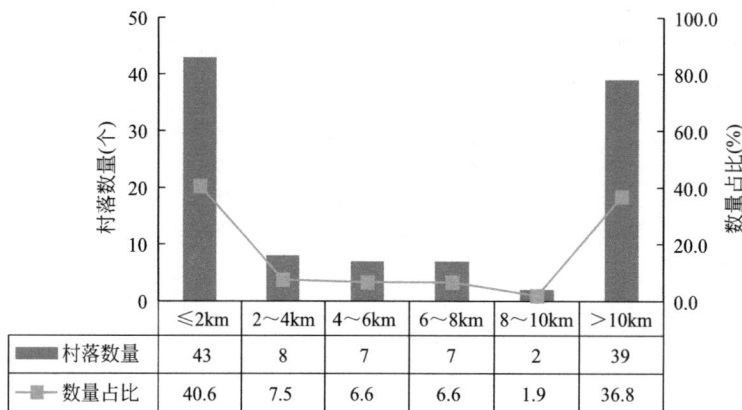

	≤2km	2～4km	4～6km	6～8km	8～10km	>10km
村落数量	43	8	7	7	2	39
数量占比	40.6	7.5	6.6	6.6	1.9	36.8

图 3-15　河湟地区传统村落与三级及以上主要河流距离统计图

两组河流距离数据的 Wilcoxon 符号秩检验结果　　　　　　　　　　表 3-3

配对变量	z	P	*Cohen's d*
六级及以上河流距离配对三级及以上河流距离	7.961	0.000 ***	1.329

注：*** 代表 1% 的显著性水平；*Cohen's d* 值：表示效应量大小。0.20 以下表示效应过小，0.20～0.50 表示效应偏小，0.50～0.80 表示效应较大，0.80 以上表示大效应。

通过进一步探究村落所邻近河流等级的情况可知（图 3-16），河湟地区传统村落沿四级河流和三级河流分布最多，分别占比 40.6% 和 32.1%，其次是五级河流分布占比为 10.4%，分布在一级、二级和六级河流的村落占比只有 6.6%、7.5% 和 2.8%。黄河、湟水、隆务河等大河流域蕴含丰富的水资源，但河谷深邃，水流湍急，易发生水患，不利于人居；五级和六级河流是小型河流，流速平缓但流量较小，且水量不稳定，对处于半干旱气候区的河湟谷地而言，无法持续满足用水需求。三级和四级河流水资源稳定且水患破坏力较小，所以传统村落更倾向于沿其布局。

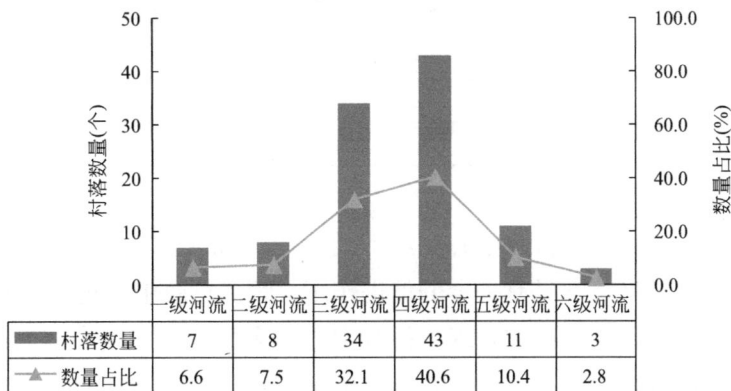

	一级河流	二级河流	三级河流	四级河流	五级河流	六级河流
村落数量	7	8	34	43	11	3
数量占比	6.6	7.5	32.1	40.6	10.4	2.8

图 3-16 河湟地区传统村落沿河流等级分布统计图

3.1.3.3 交通区位因素

（1）与道路距离。道路是河湟地区传统村落与外界实现物质、能量和信息交换的重要通道，道路交通的便捷程度和发达水平对于村落统筹开发具有重要影响。与道路的距离关系一方面对传统村落社会经济的繁荣发展起到促进作用，另一方面也在一定程度上反映了传统村落的可达性。运用 ArcGIS 空间邻近分析工具提取河湟地区传统村落与县道及县级以上道路最邻近距离数据，以 2km 为间距将村落与道路距离划分为 6 个等级进行分析。结果显示，距离道路越近，村落分布的数量越多，其中距道路 2km 及以下的村落数量最多，占比达到 58.5%（图 3-17）。通过对河湟地区县域范围内的传统村落数量和与道路距离进行相关性分析发现，其 P 值为 0.109 且没有通过显

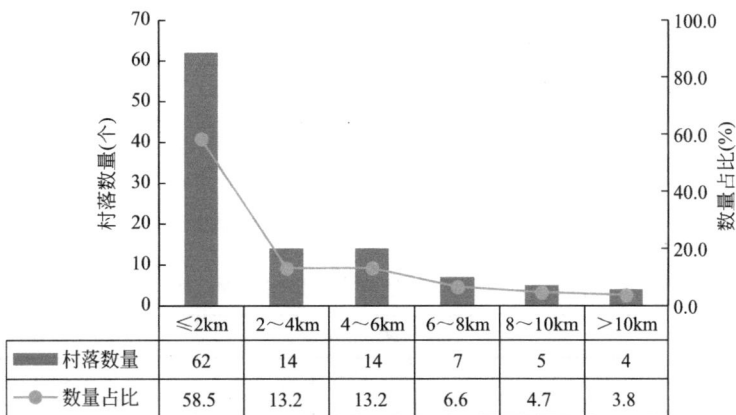

	≤2km	2～4km	4～6km	6～8km	8～10km	>10km
村落数量	62	14	14	7	5	4
数量占比	58.5	13.2	13.2	6.6	4.7	3.8

图 3-17 河湟地区传统村落与道路距离统计图

著性检验（表3-4）。说明河湟地区传统村落的整体分布与道路有一定的规律性，但区域交通条件落后，交通便捷程度较低，可达性较弱，限制了传统村落与外界的交流。反之，亦使村落不易受到外界的干扰和冲击，利于淳朴民风和传统民俗的保护。

与道路距离和传统村落数量相关性分析结果　　　　　　　表 3-4

	与道路距离	村落数量
与道路距离	1(0.000***)	0.109(0.763)
村落数量	0.109(0.763)	1(0.000***)

注：***代表1%的显著性水平。

（2）与行政中心距离。行政中心在经济活动和资源配置中占有重要地位，对其邻近村镇以及整个区域经济都具有一定的促进作用。距离行政中心越近，城镇化越明显，发展机会越多。然而，已有研究发现，行政中心带来的发展机遇可能对传统文化遗产的存续带来一定的冲击，距离行政中心越远的区域可能会留存更多的传统聚落[118-119]。本书选取河湟地区5个市（州）首府城市与传统村落空间分布图进行叠加，计算各传统村落与邻近行政中心的最邻近距离。统计结果显示，传统村落与行政中心距离大致呈正态分布，在20～80km 峰值区段村落数量随距离增加而增加，超过 80km 村落仅有零星分布。整体而言，大部分村落（62.3%）分布在距行政中心 60km 范围内（图3-18）。进一步对与行政中心距离和村落数量进行相关性分析，其 P 值为 0.434 且未通过显著性检验（表3-5）。说明河湟地区行政中心的辐射力度与传统村落空间分布的规律性不强。村落交通不便，受中心城市同化影响小，使其民族文脉得以更为完整地保留下来，同时又不至于距中心城市过远而导致传统村落缺乏持续发展活力而过快消亡。

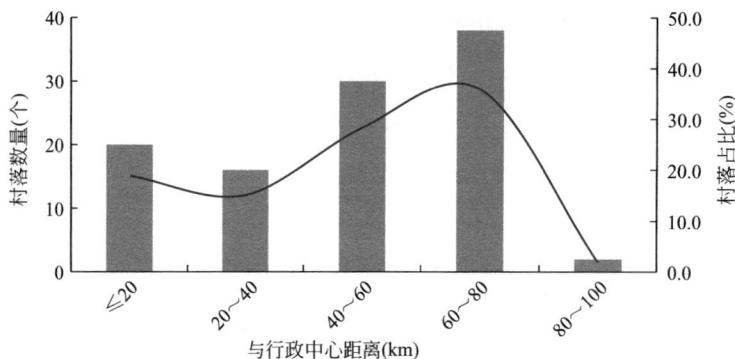

图 3-18　河湟地区传统村落与行政中心距离统计图

与行政中心距离和传统村落数量相关性分析结果　　　　　　表 3-5

	与行政中心距离	村落数量
与行政中心距离	1(0.000***)	−0.462(0.434)
村落数量	−0.462(0.434)	1(0.000***)

注：***代表1%的显著性水平。

3.1.3.4　社会人文因素

（1）民族人口。传统村落作为绝大部分少数民族群众生产生活的物质载体，其分布格局与民族人口的历史发展格局密切相关，是河湟地区经过几千年的民族战争、民族迁徙、民族分化与融合的结果。而河湟地区山河交错纵横，湖坝星罗棋布的地理环境促使古代民族迁徙后呈多元融合的发展格局，各民族在族际互动和文化认同的同时守护着本民族的族群边界，这也在客观上促使河湟地区保留了多样的少数民族文化。

民族人口对于民族文化的继承与延续、传统村落的保护与扩展有着重要影响。河湟地区少数民族遍布全域，通过对河湟全域各少数民族人口数量和传统村落数量进行相关性分析可见（表3-6），民族人口和村落数量的 P 值在5%水平呈显著正相关，$R^2=0.88$，相关性较高，即人口数量较多的民族，相应的传统村落数量越多（图3-19左）。此外，通过对各县域少数民族人口数量和传统村落数量进行相关性分析可知（表3-7），民族人口和村落数量的 P 值在1%水平呈显著正相关，$R^2=0.91$，相关性较高，即少数民族人口较多的县域，传统村落数量更多（图3-19右）。由此表明河湟地区传统村落呈现出族群认同和地域认同的双重认同效应。

河湟全域少数民族人口和传统村落数量相关性分析结果　　　表3-6

	民族人口	村落数量
民族人口	1(0.000***)	0.937(0.019**)
村落数量	0.937(0.019**)	1(0.000***)

注：***、**分别代表1%、5%的显著性水平。

河湟县域少数民族人口和传统村落数量相关性分析结果　　　表3-7

	民族人口	村落数量
民族人口	1(0.000***)	0.875(0.001***)
村落数量	0.875(0.001***)	1(0.000***)

注：***代表1%的显著性水平。

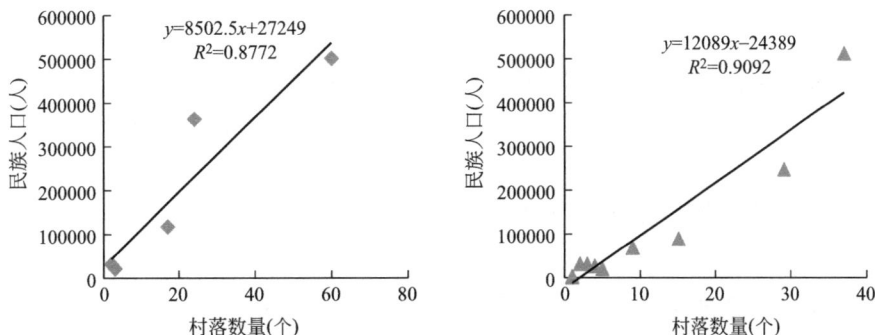

图3-19　民族人口与传统村落数量相关性散点图（左：河湟全域；右：县域）

（2）社会经济。区域社会经济水平与传统村落的保护力度、空间分布和产业结构类型紧密相关。将河湟地区传统村落 GDP 与村落数量在县域层级和市州层级分别进行相关性分析发现（表 3-8，表 3-9），GDP 与村落数量在两个层级的 P 值分别在 1％和10％呈现显著正相关，R^2 分别为 0.77 和 0.91，表征出相关程度较高，即社会经济水平越高的区域传统村落数量分布越多（图 3-20）。可见经济发展水平与河湟地区传统村落的演进形成良性的互促关系，同时也给村落的民族生态可持续发展带来巨大冲击和挑战。反之，经济发展水平较低的区域村落开发缓慢，生活生产方式和民族文化习惯较为传统，客观上有利于传统村落原始属性和特色资源的承续。

市州层级 GDP 和传统村落数量相关性分析结果　　　　表 3-8

	GDP	村落数量
GDP	1(0.000***)	0.863(0.001***)
村落数量	0.863(0.001***)	1(0.000***)

注：***代表 1％的显著性水平。

县域层级 GDP 和传统村落数量相关性分析结果　　　　表 3-9

	GDP	村落数量
GDP	1(0.000***)	0.821(0.089*)
村落数量	0.821(0.089*)	1(0.000***)

注：***、*分别代表 1％、10％的显著性水平。

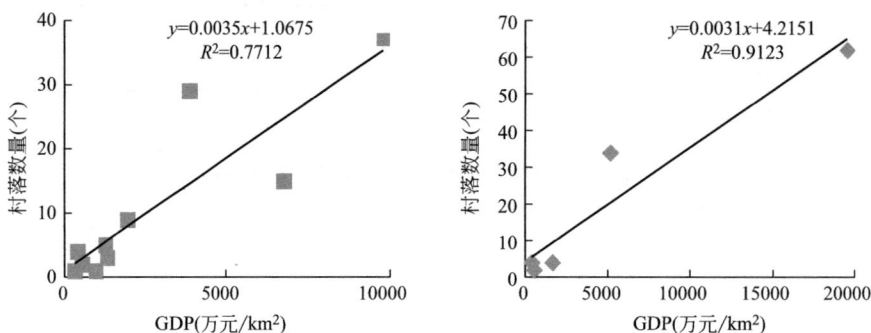

图 3-20　GDP 与传统村落数量相关性散点图（左：县域；右：市州）

3.2　河湟地区传统村落的民族空间格局效应

3.2.1　河湟地区传统村落的民族空间格局特征

3.2.1.1　河湟地区传统村落的民族空间格局识别矩阵

河湟地区各传统村落在空间分布上互相组合与嵌套，多个民族的共生，不同信仰的交融，构成了河湟地区独特的民族性空间格局。为了准确识别河湟地区传统村落的民族空间格局特征，本书构建了各传统村落分布的空间格局矩阵。其基本理论框架如图 3-21 所示，若在研究区域单元内村落分布以民族Ⅰ为主，则该区域构成单一传统村落分布区；若在研究区域单元内民族Ⅰ和民族Ⅱ的村落分布区发生相交时，则在两个传统村落分布区的交集地带出现民族Ⅰ和民族Ⅱ的共生现象；随着两个传统村落分布区相交面积的增加，其共生程度也会进一步加剧，当两个传统村落分布区完全重叠，则表明在该区域单元内民族Ⅰ和民族Ⅱ完全交融共生。两个以上传统村落分布区发生相交时亦然。

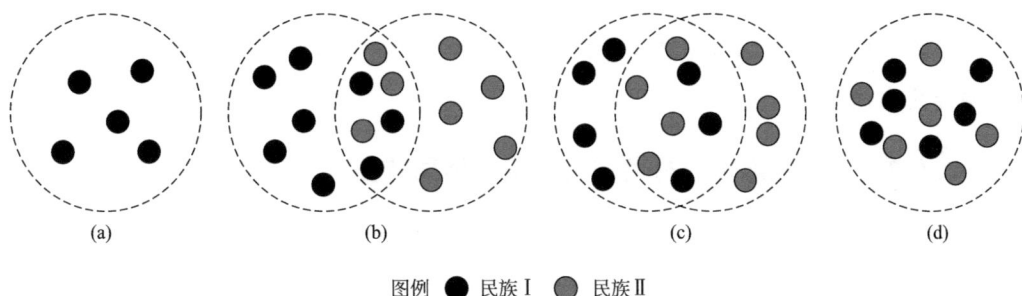

图例　● 民族Ⅰ　● 民族Ⅱ

图 3-21　村落分布的民族空间格局识别示意图[123]

基于上述理论可得：（1）当两个或两个以上的传统村落分布区未相交时，形成各个民族独立的村落空间格局；（2）若两个或两个以上的传统村落分布区相交时，民族间村落开始呈现空间共生格局；（3）相交面积比例越大，传统村落间交融共生的程度越强。因此，传统村落分布区未相交，形成单一民族聚居的空间格局，发生相交后形成多民族共生的空间格局。若将研究区域单元内各传统村落分布区设为 A_1、A_2、$\cdots$、A_n，它们之间的相交面积分别为 A_{11}、A_{12}、$\cdots$、A_{nn}，则可构建以下矩阵：

	A_1	A_2	A_3	A_4	A_5	$\cdots$	A_n
A_1	A_{11}	A_{12}	A_{13}	A_{14}	A_{15}	$\cdots$	A_{1n}
A_2	A_{21}	A_{22}	A_{23}	A_{24}	A_{25}	$\cdots$	A_{2n}
A_3	A_{31}	A_{32}	A_{33}	A_{34}	A_{35}	$\cdots$	A_{3n}
A_4	A_{41}	A_{42}	A_{43}	A_{44}	A_{45}	$\cdots$	A_{4n}
A_5	A_{51}	A_{52}	A_{53}	A_{54}	A_{55}	$\cdots$	A_{5n}
$\cdots$	$\cdots$	$\cdots$	$\cdots$	$\cdots$	$\cdots$	$\cdots$	$\cdots$
A_n	A_{n1}	A_{n2}	A_{n3}	A_{n4}	A_{n5}	$\cdots$	A_{nn}

由上述矩阵可知，在研究区域单元内某一民族与其他 n 个传统村落分布区的相交面积可用公式（3-6）表达：

$$T = \sum_{i=1}^{n} A_i \tag{3-6}$$

其中，T 为研究区域单元内某一民族与其他 n 个传统村落分布区的相交面积总量；A_i 为研究区域单元内某一民族与其他传统村落分布区的相交面积；n 为研究区域内单元数量。

对于河湟地区各传统村落的民族空间格局特征分析，除了考虑相交面积比例的因素外，还需考虑民族的聚居程度和相交模式。将传统村落分布区分为民族主要聚居区和普通分布区两类，若民族Ⅰ和民族Ⅱ的村落分布区发生相交且相交模式为民族Ⅰ聚居区和民族Ⅱ聚居区相交或民族Ⅰ分布区和民族Ⅱ分布区相交，则可直接通过相交面积比例判断 2 个民族的共生程度；若民族Ⅰ和民族Ⅱ的村落分布区发生相交且相交模式为民族Ⅰ聚居区和民族Ⅱ分布区相交，即便相交面积总量在民族Ⅱ分布区占比较高，但在该区域单元内仍以民族Ⅰ空间格局为主，即民族Ⅰ和民族Ⅱ在该区域单元呈现小融合共生格局。

3.2.1.2　河湟地区传统村落的民族空间格局特征

基于前文所述，以河湟地区乡镇行政区划作为研究区域单元，对得到的各传统村落核密度值进行二值化处理，对于密度值为 0 的单元，赋值为空；密度值不为 0 的单元，赋值为 1，即表示该单元为该传统村落分布区。进而对识别出的传统村落分布区再进行二值化处理，运用自然断点法将其密度值分为两类，提取其中高密度区为该民族聚居区。最后建立各传统村落分布区相交矩阵，计算相交面积。通过对各传统村落的空间分布密度计算，提取密度非 0 的单元作为藏族、回族、土族、撒拉族和保安族的村落分布区，再通过自然断点法进行村落密度的二值化，识别出各传统村落的聚居区，结果如图 3-22（a～e）所示；在此基础上绘出河湟地区 5 个传统村落的民族空间格局分布图，如图 3-22（f）所示。为了量化各传统村落分布区及相交面积，构建各传统村落分布区相交矩阵（图 3-23）。

从各传统村落空间分布区面积来看，藏族和土族村落分布区面积最大，分别为 15157.48km² 和 7231.1km²，其次为撒拉族村落分布区面积 1352.95km²，面积最小的民族为回族和保安族，其村落分布区面积分别为 659.12km² 和 177.47km²。总体而言，河湟地区传统村落呈现出以藏族、土族和撒拉族为主的民族空间格局特征。

从各传统村落分布区相交矩阵来看，与藏族村落分布区发生相交的民族是土族和撒拉族，相交面积为 3569.02km² 和 541.51km²，分别占藏族村落分布区面积的 23.5% 和 3.6%，其相交模式为藏族聚居区与土族分布区相交，藏族分布区与撒拉族聚居区相交，因此在民族格局空间上呈现出"藏—土—撒拉"彼此小融合共生的格局特征。与回族分布区发生相交的民族是土族，相交面积为 408.85km²，占回族村落分布区面积的 61.6%，相交模式为回族分布区与土族分布区相交，说明在回族分布区呈现出"回—土"高度共生格局。与土族分布区发生相交的民族有藏族和回族，相交面

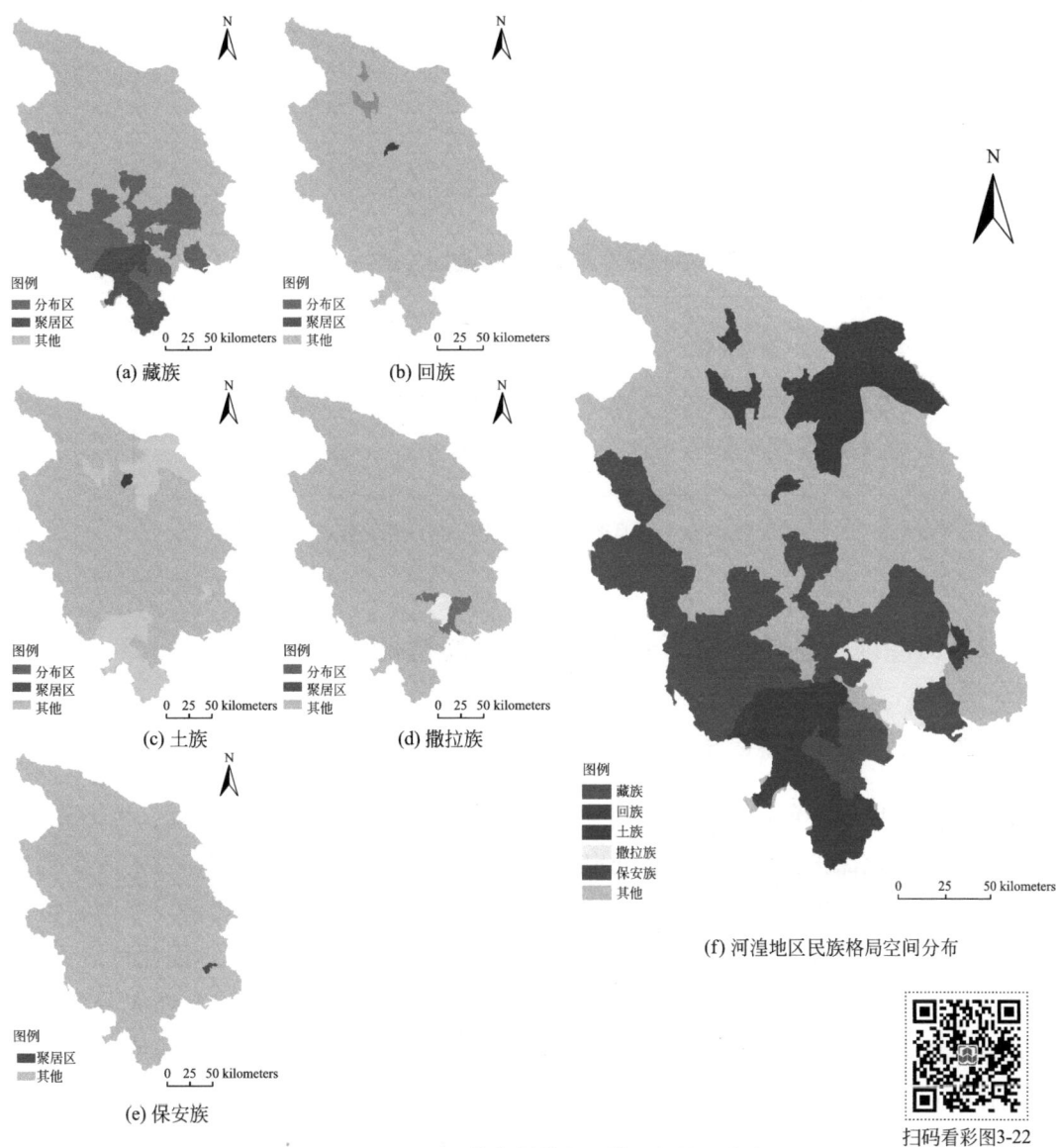

图 3-22　河湟地区传统村落的民族空间格局分布图

积分别达到土族分布区面积的 49.4% 和 5.7%，其相交模式为土族分布区与藏族聚居区相交，土族分布区与回族分布区相交，呈现出以"土—藏"为主、"土—回"为辅的共生小格局。与撒拉族村落分布区发生相交的民族是藏族，相交面积占撒拉族村落分布区面积的 40%，相交模式为撒拉族聚居区和藏族分布区相交，呈现出"撒拉—藏"小混居的传统村落格局。保安族村落分布区未和其他民族发生相交，呈现出单一民族聚居区空间格局特征。整体而言，河湟地区传统村落的民族空间格局呈现出"回—土"交融共生大格局、"藏—土—撒拉"的小混居格局特征，保安族呈现出单一独立的民族空间格局。

藏族				
回族	0			
土族	3569.02km²	408.85km²		
撒拉族	541.51km²	0	0	
保安族	0	0	0	0	

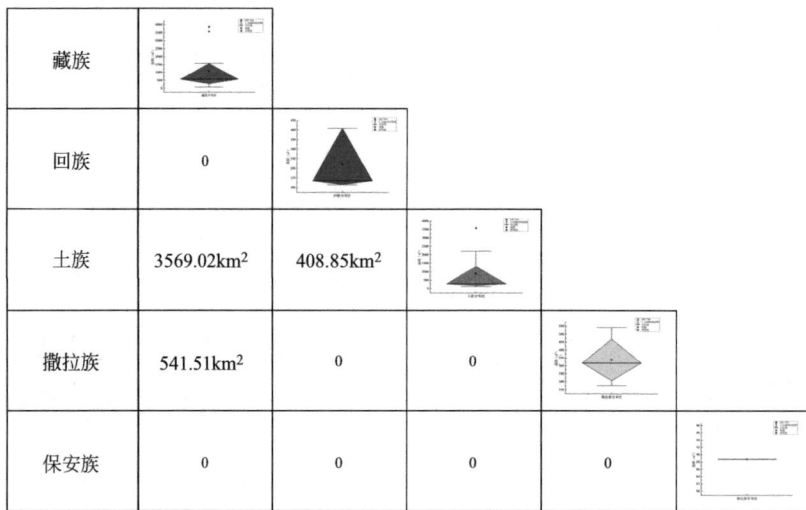

图 3-23　河湟地区传统村落分布区相交矩阵

3.2.2　河湟地区各传统村落分布的区位环境特征

3.2.2.1　区位环境因子的选取及说明

中国少数民族特色村寨评选条件中对少数民族人口、民族资源特色、生态环境、居住环境、文化保护价值等方面均列出相应的评分指标。在国家民委印发的《少数民族特色村寨保护与发展规划纲要（2011—2015 年）》中也提出要把经济发展与特色民居保护、民族文化传承、生态环境保护有机结合起来的发展目标[120]。因此可以看出，各传统村落的民族空间格局主要受到自然环境与人文要素的共同影响，在充分参考已有研究的基础上，参照河湟地区实际发展、数据的可获取性及中国少数民族特色村寨评选标准，综合考虑自然、生态、政治、经济、社会、文化等层面，本研究从自然环境、生态资源、空间关系、社会经济、民族文化五个维度选取了海拔、坡度、坡向、气温、降水量、与河流距离、耕地面积、草地面积、林地面积、与道路距离、与行政中心距离、GDP、村落规模（村落人口）和人口密度等 14 个区位因子对河湟地区各传统村落民族空间格局的区位环境特征进行分析。自然环境因素是影响各传统村落空间分布的基础因子，对传统村落的布局、规模和密度等有直接影响[121]，选取海拔、坡度、坡向、气温、降水量、与河流距离等因子进行量化表征。生态资源是各传统村落选址和村民生计方式的基础，对各传统村落的可持续发展起到促进作用，选取耕地面积、草地面积和林地面积等因子反映生态资源质量[122]。空间关系指传统村落与主要交通道路和行政中心的邻近性，反映其获取资源和对外交流的便捷程度。交通是各传统村落与外界连接的重要媒介，对传统村落的空间布局具有重要意义，通过与道路距离来描述各民族对外交流的欲望及交通可达性[123]。行政中心对于一定区域内的政治、经济、交通、信息等方面起着主导作用，村落与行政中心距离的远近直接影响到传统村落的经济发展、交通建设、信息交互等方面的情况，进而影响到传统村落的保护和发展[124]。社会经济实力是各传统村落开发和扩张的基础，其经济发展水平的高低也是影响各传统村落保护和传承的必要条件，则选取 GDP 因子进行分析。民族文化是某一民族在长期共同生产生活实践中产生和创造出来的能够体现本民族特点的物质和精神财富的总和，是人类文明的"活态"延续，其存在主要依附于人这一载体[125]。人口数量在一定程度上反映了传统村落的空间规模，人口密度表现了民族人口分布状态。这 2 个因子对于传统村落的形成、民族资源特色的延续以及民族文化的传承起关键作用[126]。

3.2.2.2　河湟地区各传统村落的区位环境特征关键因子分析

为了进一步探析河湟地区各传统村落区位因子是否存在共同驱动关系，表征影响各传统村落空间格局的区位因子之间的合力作用，本书通过差异性分析对 14 个区位因子的影响显著性进行检验。本研究涉及多因素对因变量产生影响的分析，常用方法有多因素方差分析参数检验和多独立样本 Kruskal-Wallis 非参数检验。多因素方差分析参数检验要求检验数据呈正态分布，只有当数据不满足正态分布时，方可采用多独立样本 Kruskal-Wallis 非参数检验。

因此，首先对所选取的区位因子进行描述性统计和数据正态性检验。通常正态分布的检验方法有两种，一种是 Shapiro-Wilk 检验，适用于小样本资料（样本量≤5000），另一种是 Kolmogorov-Smirnov 检验，适用于大样本资料（样本量＞5000）。若检验结果呈现显著性（$P < 0.05$），则说明拒绝原假设（数据符合正态分布），该数据不满足正态分布，反之则说明该数据满足正态分布。

本研究样本量为 106 个，故选取 Shapiro Wilk 检验数据的正态性。通过 SPSSPRO 数据分析平台的数据正态性检验结果可知（表 3-10），所选取的 14 个区位因子显著性 P 值均在水平上呈现显著性，拒绝原假设，因此数据不满足正态分布，可以进行多独立样本 Kruskal-Wallis 检验区位因子的影响显著性。

区位因子数据正态分析结果　　　　　　　　　表 3-10

区位因子	平均值	标准差	S-W 检验 P 值
海拔（m）	2457.368	374.204	0.966（0.009***）
坡度（°）	6.288	4.213	0.897（0.000***）
坡向（°）	179.721	101.143	0.94（0.000***）
气温（℃）	5.835	2.249	0.956（0.002***）
降水量（mm）	460.301	99.24	0.97（0.017**）

续表

区位因子	平均值	标准差	S-W检验P值
与河流距离(m)	7429.744	7351.864	0.863(0.000***)
耕地面积(m²)	50184706.92	278729976.925	0.174(0.000***)
草地面积(m²)	8634.176	28927.027	0.319(0.000***)
林地面积(m²)	3157320.795	20357583.761	0.138(0.000***)
与道路距离(m)	2908.416	4229.303	0.604(0.000***)
与行政中心距离(km)	46.791	22.275	0.939(0.000***)
GDP(万元/km²)	256.887	140.454	0.869(0.000***)
村落规模(人)	9788	6398	0.925(0.000***)
人口密度(人/km²)	429.387	757.44	0.598(0.000***)

注：***、**分别代表1%、5%的显著性水平。

以藏族、回族、土族、撒拉族和保安族5个民族属性作为定类变量，选取14个区位因子作为定量变量在SPSSPRO数据分析平台进行多独立样本Kruskal-Wallis非参数检验，量化各因子在民族属性间的差异。由表3-11可知，5个不同民族属性的村落在海拔、气温、降水量、与河流距离4个自然环境因子，村落规模、耕地面积、草地面积、林地面积、与行政中心距离和GDP 6个人文要素因子上存在显著差异，对各传统村落空间格局具有显著性影响，其余因子在各民族间呈现均匀质地，分布格局一致，因此，选取上述10个区位因子作为量化表征河湟地区各传统村落区位环境特征的关键因子。

区位因子 Kolmogorov-Smirnov 检验结果　　　　表3-11

区位因子	统计量	P值	Cohen's f值
海拔(m)	46.1	0.000***	0.189
坡度(°)	2.876	0.579	0.048
坡向(°)	6.511	0.164	0.068
气温(℃)	41.368	0.000***	0.181
降水量(mm)	39.858	0.000***	0.16
与河流距离(m)	12.046	0.017**	0.126
耕地面积(m²)	13.568	0.009***	0.098
草地面积(m²)	16.288	0.003***	0.154
林地面积(m²)	13.418	0.009***	0.979
与道路距离(m)	2.813	0.590	0.032
与行政中心距离(km)	27.456	0.000***	0.116
GDP(万元/km²)	54.959	0.000***	0.307
村落规模(人)	30.313	0.000***	0.341
人口密度(人/km²)	2.81	0.590	0.054

注：***、**分别代表1%、5%的显著性水平；Cohen's f值表示效应量大小，效应量小、中、大的区分临界点分别是0.1、0.25和0.40。

3.2.2.3　河湟地区各传统村落分布的区位环境特征

分别统计河湟地区5个不同民族属性的村落在10个关键区位因子上的均值，并绘制南丁格尔玫瑰图比较分析各传统村落的区位环境特征，结果如图3-24所示。由图可知：（1）人口数量在一定程度上反映了村落的空间规模。5个民族中保安族和撒拉族的村落规模最大，达到了16215人和15125人；藏族、回族和土族村落规模趋近，分别为8365人、7420人和6935人，表征出保安族和撒拉族村落为"大聚居"，藏族、回族和土族为"小聚居"的居住格局。（2）与行政中心距离反映了村落距河湟地区地级市和自治州首府的欧式距离。回族村落最接近行政中心（34.8km），撒拉族村落最远（65.2km），从整体来看，河湟地区各传统村落普遍远离行政中心。（3）生态资源质量方面，各民族差异明显，土族耕地资源面积最大，超过3万hm²，远超其他民族，说明土族为传统农耕民族、耕作技术较为发达；保安族耕地面积最小，仅575.3m²。而林地资源刚好相反，保安族拥有近1.5万hm²最大林地面积，土族仅962.6m²，林地面积最小。主要原因是保安族村落择址有易于躲藏的考量，分布在现黄河流域川水高处的大墩峡自然生态区，峡内群山叠翠，灌木丛生。回族善养牛羊，土族善养猪，畜牧业在这2个民族经济中占重要地位，其草地资源面积分别达到近5hm²和2.5hm²。撒拉族生态资源较均衡，相比较而言林地资源占优。河湟地区的藏族群众原为游牧生活方式，居无定所，村落是在逐步转变为农业生活方式后形成，形成时期较晚，因此各种生态资源占有面积普遍较低。（4）河流是河湟地区主要的农业灌溉与生活水源，与河流距离反映各传统村落距其邻近的三级及以上主要河流的空间距离。保安族和回族村落与河流距离较近，分别为2662m和3211.9m，呈现出明显的"亲水"分布特征。土族和藏族村落与河流距离较远，均超过5km，村落分布具有"疏水"特征。撒拉族村落与河流距离虽超过5km，但大部分撒拉族村落是沿一级河流（黄河）营建，结合安全距离角度考虑，撒拉族村落整体还是表征出"逐大河"格局。（5）GDP反映传统村落社会经济水平，回族和土族GDP最高，分别达到634.3万元/km²和430.2万元/km²，撒拉族和保安族经济水平基本相同，藏族最低，只有184.6万元/km²，可看出河湟地区藏族村落经济发展普遍比较落后。（6）气温是影响村落居住环境的重要指标，河湟地区属于寒冷地区，气温常年偏低。保安族和撒拉族村落分布区的年均气温最高，分别为8.5℃和8.3℃，居住环境相对较为适宜。年均气温最低的为土族和回族村落，分别为4.5℃和4.4℃。（7）河湟谷地属于干旱半干旱地区，降水量是地区内重要的补给水源。湟水流域的土族和回族村落分布区的年降水量均值最大，分别为536.4mm和531.1mm，保安族和撒拉族最小，只有389mm和361.5mm。保安族和撒拉族主要分布在黄河谷地，气候干热，降水量少。（8）海拔是造成河湟地区立体气候的主要原因，5个民族中藏族、土族和回族村落分布的海拔最高，多位于2500～2700m之间的浅山和脑山地区，撒拉族和保安族村落海拔较低，分布在1900～2100m之间的川水地区。

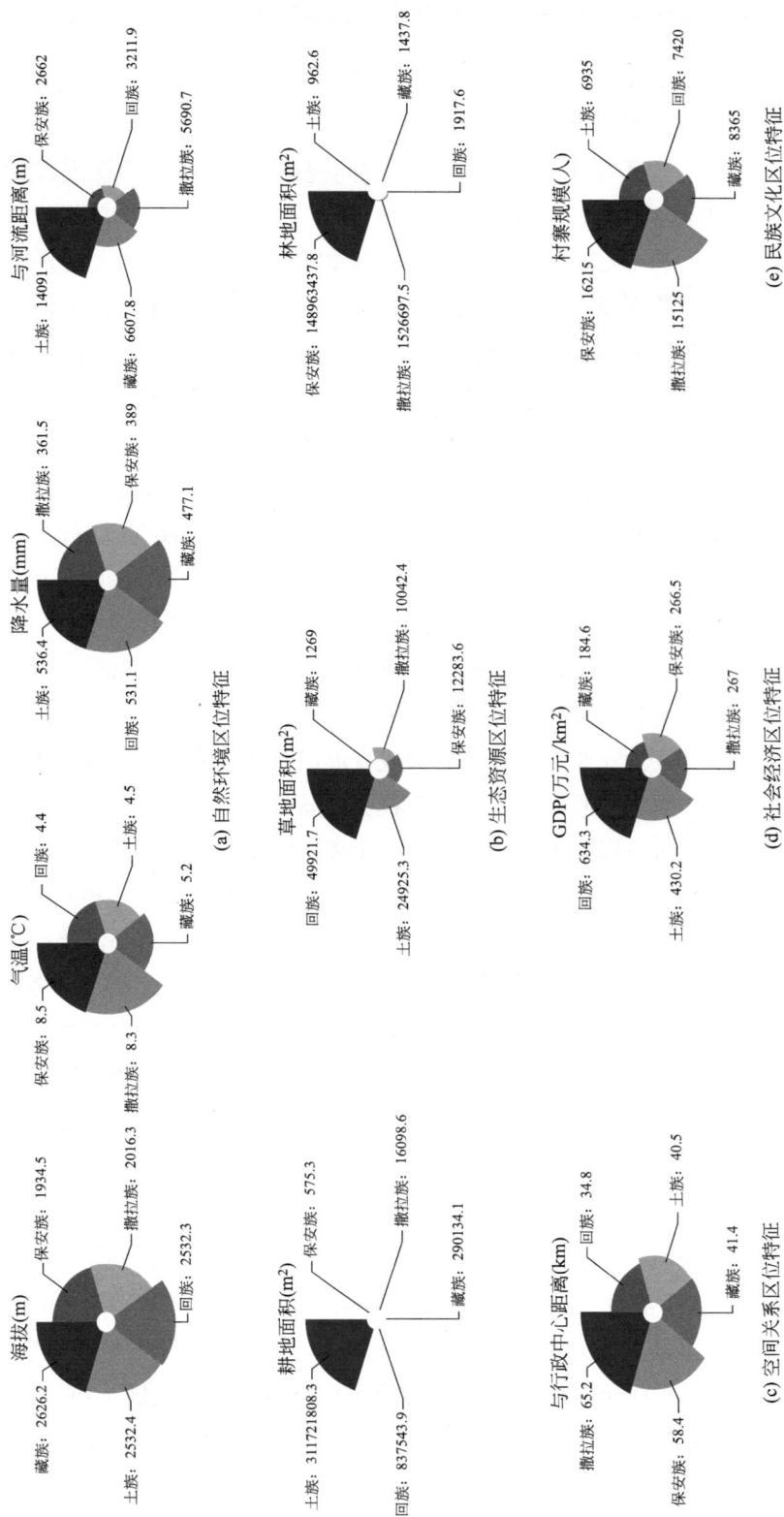

图 3-24 各传统村落的区位环境特征

由此说明，河湟地区各传统村落在区位环境选择上呈现出：藏族喜山、喜凉、远水、小聚居、资源少、经济较落后的区位环境特征；回族喜山、喜凉、喜草、亲水、喜湿润、小聚居、经济较好、近行政中心的区位环境特征；土族精耕、喜山、喜凉、喜草、喜湿润、远水、小聚居、经济较好的区位环境特征；撒拉族喜热、喜川、亲水、喜干燥、大聚居、远行政中心、资源均衡的区位环境特征；保安族喜林、少耕、喜川、亲水、喜热、喜干燥、大聚居的区位环境特征。

3.2.3　河湟地区各传统村落的空间格局主控因子识别

3.2.3.1　河湟地区各传统村落空间布局主控因子分析

生物微环境之间具有复杂的相互作用关系。环境因子与营养物质对生物群落结构具有决定性作用，而生物群落结构组成及多样性又对环境稳定性具有重要影响。环境能够塑造特定的生物群落，生物群落也能够敏感地指示外界环境进行细微变化。环境生态学领域常用冗余分析（Redundancy Analysis，RDA）方法来探索生物群落物种结构受环境变量约束的关系。冗余分析是一种典型的约束排序方法，通过多元线性回归将生物群落结构数据与某种或多种环境因子互相拟合，并通过置换检验来判断给定环境因子对生物群落结构是否产生显著影响。此外，用排序的方法阐述群落生境中的某个或多个生态因子随样地生境的变化。

为了识别河湟地区各传统村落空间格局的主控因子，本书将各传统村落的空间位置（经纬度）设为"物种样本"变量，以传统村落的海拔、气温、降水量、与河流距离、耕地面积、草地面积、林地面积、与行政中心距离、GDP和村落规模（人口）10个关键区位因子作为"环境因子"变量，将环境因子变量进行标准化处理后进行冗余分析，来探析环境因子对于物种分布的影响，分析结果如图3-25所示。

3.2.3.2　河湟地区各传统村落空间布局主控因子识别

根据分析结果统计环境因子变量对不同传统村落空间分布的贡献率，由表3-12可知：（1）影响藏族村落空间布局的主控因子为耕地面积和与行政中心距离，贡献率分别为46.6%和31.7%，且其 P 值均小于0.01，表现出显著影响。相较于其他民族，藏族村落分布区的主控因子均处于中位水平，耕地面积均值约为29hm²，少于土族和回族村落分布区，多于撒拉族和保安族村落分布区；与行政中心平均距离41.4km，远于土族和回族村落分布区，近于撒拉族和保安族村落分布区。次控因子为与河流距离、海拔、降水量、GDP和村落规模，贡献率分别为5.6%、5.2%、4.7%、3.7%和1%。（2）影响回族村落空间布局的主控因子是耕地面积，贡献率达89.6%，回族村落分布区耕地面积均值约84hm²，仅次于土族，高于其他3个传统村落分布区。次控

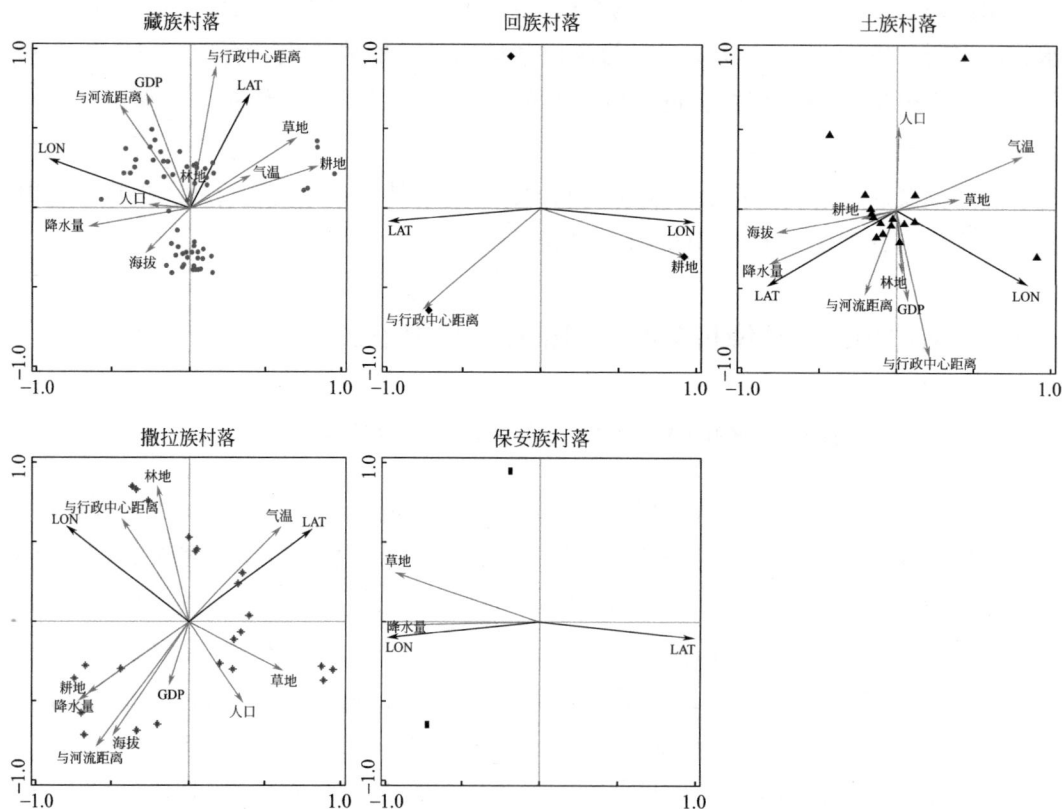

图 3-25　各传统村落空间位置与环境因子冗余分析图

因子是与行政中心距离，回族村落距行政中心平均距离为 34.8km，较土族、藏族、保安族和撒拉族村落分布区更靠近中心城市。（3）影响土族村落空间布局的主控因子为降水量和与行政中心距离，贡献率分别为 54.6% 和 28.5%，且其 P 值均小于0.01，表现出显著影响。土族村落分布区降水量均值为 536.4mm，为 5 个民族中最多；与行政中心平均距离 40.5km，略远于回族村落分布区，较其他 3 个传统村落分布区更接近行政中心。次控因子为草地面积、海拔、与河流距离和耕地面积，贡献率分别为 6.3%、3.9%、3.0% 和 2.5%。（4）影响撒拉族村落空间布局的主控因子为与河流距离和林地面积，贡献率分别为 45.3% 和 39.5%，且其 P 值均小于 0.01，表现出显著影响。撒拉族村落分布区与河流平均距离为 5690.7m，近于土族和藏族村落分布区，远于回族和保安族村落分布区；林地面积均值近 1.5 万 hm²，是 5 个民族中拥有林地面积最大的村落分布区。次控因子为气温、与行政中心距离、草地面积和降水量，贡献率分别为 5.3%、4.6%、2.8% 和 2.2%。（5）影响保安族村落空间布局的主控因子是降水量，贡献率为 99%，降水量均值为 389mm，略高于撒拉族村落分布区，低于其他 3 个传统村落分布区。次控因子是草地面积，贡献率为 1%。

区位关键因子对各传统村落布局的贡献率　　　　　　表 3-12

区位关键因子	藏族		回族		土族		撒拉族		保安族	
	贡献率/%	P	贡献率/%	P	贡献率/%	P	贡献率/%	P	贡献率/%	P
海拔	5.2	0.006***	—	—	3.9	0.048**	—	—	—	—
气温	—	—	—	—	—	—	5.3	0.002***	—	—
降水量	4.7	0.006***	—	—	54.6	0.006***	2.2	0.052*	99.0	0.168
与河流距离	5.6	0.006***	—	—	3.0	0.054*	45.3	0.002***	—	—
村落规模	1.0	0.14	—	—	—	—	—	—	—	—
耕地面积	46.6	0.002***	89.6	0.33	2.5	0.166	—	—	—	—
草地面积	—	—	—	—	6.3	0.062*	2.8	0.002***	1.0	1.0
林地面积	—	—	—	—	—	—	39.5	0.002***	—	—
与行政中心距离	31.7	0.002***	10.4	1	28.5	0.002***	4.6	0.01***	—	—
GDP	3.7	0.006***	—	—	—	—	—	—	—	—

注：***、**、*分别代表 1%、5%、10%的显著性水平；—代表贡献率小于 1%的区位因子。

3.2.4　河湟地区各传统村落多尺度空间格局效应

3.2.4.1　流域尺度的"山水—水水平行"格局及其地域异质效应

流域是一个地域内以水系为脉络，以山脊为分水岭的集水范围的总称。河湟地区水系是延绵于流域中的骨架，是探究流域空间格局效应的基本线索。河湟地区位于黄河流域及其上游最大支流湟水流域之间的三角地带，域内三山两河均呈由"西北—东南"走向，山脉由多条南北向支流切割汇入干流，彼此大致平行，构成了山脉与水脉间、黄河与湟水间的"山水—水水平行"的宏观格局（图 3-26）。

河湟地区地处黄土高原和青藏高原的交汇地带，既是西北干旱区边缘，又是东部季风所能到达的最西端，独特的地理区位赋予这里复杂而多样的自然条件，使得"山水—水水平行"特征在流域尺度中表现出地域"异质性"效应，主要表现为环境和族群异质性。

（1）环境条件异质性

"山水—水水平行"格局下的河湟谷地是青海省境内唯一属于东部季风区的区域。其北、西、南三面高原大山形成天然屏障，使得夏季季风停留时间较长，冬季的冷空气被三面山地阻挡难以进入谷地，谷口坐朝东南接纳源源不断的东来水汽，因此，域内冬季虽长但不寒冷，夏季短促且凉爽，降水集中，雨热同期，气候湿暖，宜耕宜牧，成为人类良好的栖息地。与此同时，河湟地区沟壑纵横，沟坡陡峻，水土流失严重，地质灾害频发，生态环境脆弱。在地质构造的制约和水系发育的综合作用下，湟水两

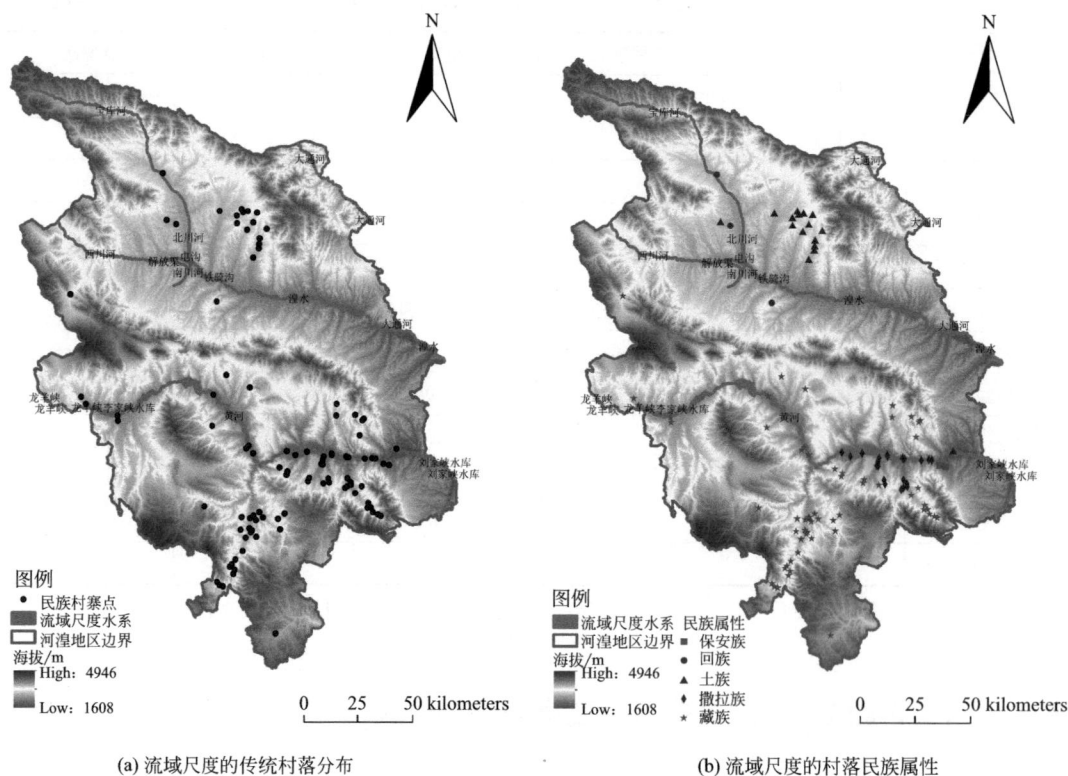

(a) 流域尺度的传统村落分布　　　　　　　(b) 流域尺度的村落民族属性

图 3-26　流域尺度的"山水—水水平行"格局

岸形成多级阶地，地势平坦，土壤肥沃，气候条件良好，是重要的农业区。而黄河峡谷两岸悬崖峭壁，河床狭窄，水流湍急，蕴藏着丰富的水资源。由此形成了在同一区域内两个流域平行，而自然条件和社会经济条件迥然不同的异质性效应。

（2）族群格局异质性

传统村落是河湟地区少数民族居住系统的基本单位，村落的分布在川水和浅山区较为密集，在脑山和高山区较为稀疏，同时还表征出距黄河和湟水越远，村落数量和密度显著增加的规律。不同传统村落聚居区具有明显的空间分布差异，而村落分布区则多呈现出交融共生的格局特征。沿相同流域分布的各民族宗教信仰、风俗习惯不尽相同，但生产方式却较为相似，例如，青藏高原藏族的生活方式主要以游牧为主，而河湟地区生活在黄河流域的藏族却和同流域的回族、撒拉族一样主要从事半农半牧生产活动。而生活在湟水流域的回族和土族，由于同处宜农地区，所以其生活方式主要以农耕为主。相同族群在不同流域呈现出异质性效应。

3.2.4.2　亚流域尺度的垂直分异格局及其分层异构效应

由前文研究可知，河湟地区传统村落的择址营建紧密依托亚流域水系。河湟流域高差较大，支流交错密布，与干流相比，支流地区普遍存在长度小但坡降大的现象，因此，在亚流域尺度中呈现出以垂直分异为主导的丰富差异性。垂直分异指地球表面的地理现象沿垂直方向的变化规律[127]。自谷地沿坡而上，随着地势升高，气温降低，降水增多，由此产生气候垂直带谱的明显变化，在流程尺度中并不显著的垂直分异性也变得显著起来（图3-27）。

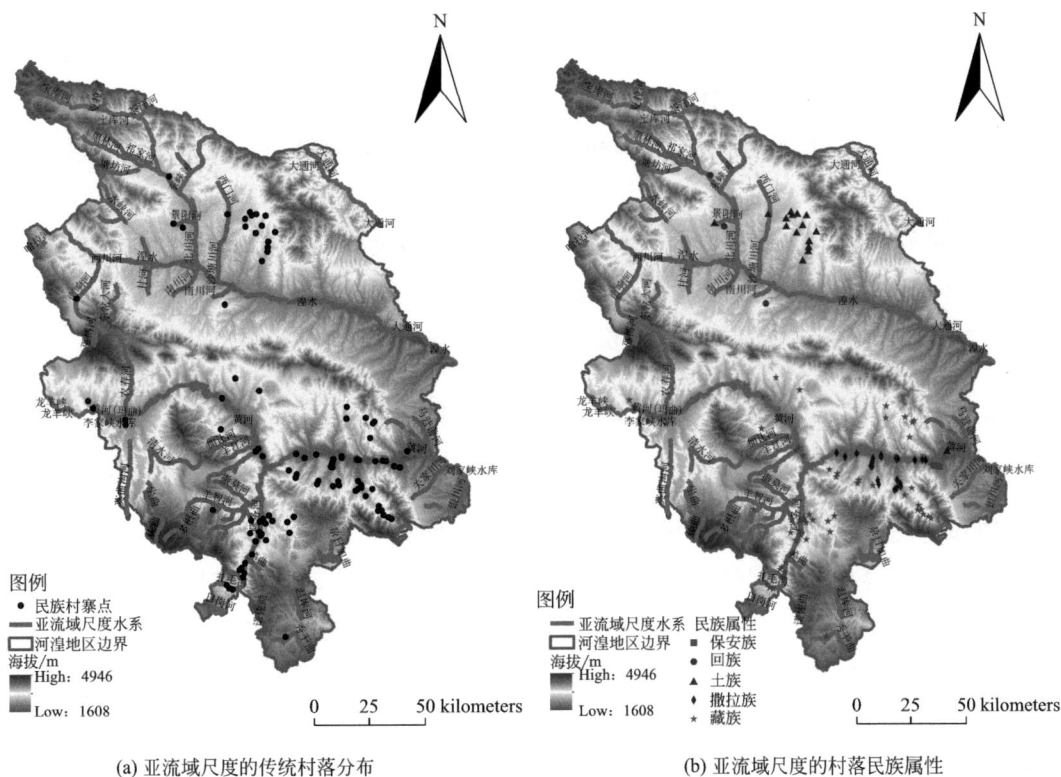

(a) 亚流域尺度的传统村落分布　　　　　　(b) 亚流域尺度的村落民族属性

图 3-27　亚流域尺度的垂直分异格局

在亚流域尺度下，气候的垂直分异以水热条件划分了耕作生产的可能地带，进而影响了河湟地区传统村落的分布区间。山体、水系、耕地、草地、林地、村落共同构成了该尺度下的人居环境要素，以显著差异性体现出"分层异构"效应。根据海拔高度和气候条件，当地人习惯将河湟地区划分为川水、浅山和脑山地区，三个区域的人居环境要素呈现显著的分层异构性，主要表现为山水有别、田林相异、民族分层。

（1）山水有别。川水地区年均气温在 7.4～9.6℃ 之间，年降水量 230～360mm，水热条件好，地势平坦且土质深厚，是河湟地区主要的农业生产区。浅山地区坡度一般在 5°～25° 之间，地形相对较陡，热量条件好，但干旱缺水，植被稀疏，水土流失严重，但分布着大量的旱耕地，是雨养农业和牧业生产的重要地区。同时，这两个地区地势相对较低，支流水系流量稳定且下切作用弱，因此河湟地区传统村落密集分布在海拔 2825m 以下的川水和浅山地区，并多位于 2°～15° 的坡度区间。脑山地区年均气温在 0～3℃ 之间，年降水量 500～600mm，水量充足但热量不足，适合农林牧综合发展。但由于坡度较陡，多在25°以上，同时上游水系发育成羽状，流速缓且流量低，所以村落分布数量较少。

（2）田林相异。以海拔区分的地貌特征对于自然经济环境具有决定意义。川水地区阶地较宽，土壤肥沃，水源充足，形成耕地连片、阡陌交错的景观特征。浅山地区为崤状丘陵沟壑，气候较暖但干旱少雨，灌溉不便，形成耕地同草地相间分布的景观格局。脑山地区地势高、气温低、降水多，气候阴湿寒冷，植被覆盖率在80%以上，一般为草原牧场、灌丛与森林地带。由于这种立体分异生态结构的影响，形成了河湟地区川水地耕种、浅山地耕地与牧地相间、脑山地放牧的多种自然经济类型的垂直分层异构特征。

（3）民族分层。在垂直方向上河湟地区形成了多民族交融共生的立体分层格局。传统村落分布空间从上到下依次为藏族（2626.2m）、土族（2532.4m）、回族（2532.3m）、撒拉族（2016.3m）和保安族（1934.5m）村落。

3.2.4.3　村落尺度的多元嵌套格局及其民族异质效应

在水平方向上河湟地区形成了多民族多元共生的嵌套格局。除保安族村落分布区未和其他民族发生相交，呈现单一民族聚居空间格局特征外，河湟地区村落尺度的嵌套格局主要呈现出回族和土族嵌套共生大格局，藏族、土族和撒拉族的小嵌套格局特征。同时，受亚流域尺度的分层异构效应对生计方式的影响，藏族、回族、土族、撒拉族和保安族5个民族在以海拔为表征的不同环境中，发展出差异化的生存策略，进而形成村落空间的异质效应，概括为生产方式、生产空间、生活空间的异质性。

（1）藏族村落在黄河流域海拔1950~3200m的川水、浅山和脑山地区均有分布，高程跨度较大。相较于高海拔地区藏族聚落，河湟地区藏族村落的平均海拔（2626.2m）比青海省所有藏族乡镇的平均海拔（3517m）低约890m。相应地，年平均气温也较青海省藏族乡镇均值高4℃[128]。田林相异的垂直分层异构使得河湟地区藏族族群的生产方式呈现多元化选择。

位于脑山地区的藏族村落，由于此区间气温低，降水多，常伴有霜冻灾害，发展粮食种植受到制约，但草地资源丰富，故其村民多承袭了青藏高原藏族传统的游牧生产方式，饲养对象则是从以牦牛为主变为以牛羊为主。该区间藏族村落居中作为生活空间，除少量耕地外主要以草地构成生产空间环绕村落，水系自上而下流经村落一侧，构成"村—水—草"的高山圈层式空间格局（图3-28）。

位于中低海拔浅山和川水地区的藏族村落，此区间水热条件较好，川水区耕地资源丰富，浅山区耕地与草地相间分布，村民可以选择非高原模式的生产方式，与低海拔地区的人类活动类似，主要从事半农半牧的生产方式，农业活动以种植小麦为主，

图 3-28　藏族村落高山圈层式空间格局（瓜什则村的现状图、卫星图、空间格局）

牧业活动以饲养牛羊为主。该区间藏族村落依山傍水，多处于河谷地带，以村落为生活空间，生产空间分为耕地和草地，与村落呈平行分布，水系亦平行于村落自上而下流经一侧，构成"草—水—村—田"四素同构的低山条带状空间格局（图 3-29）。

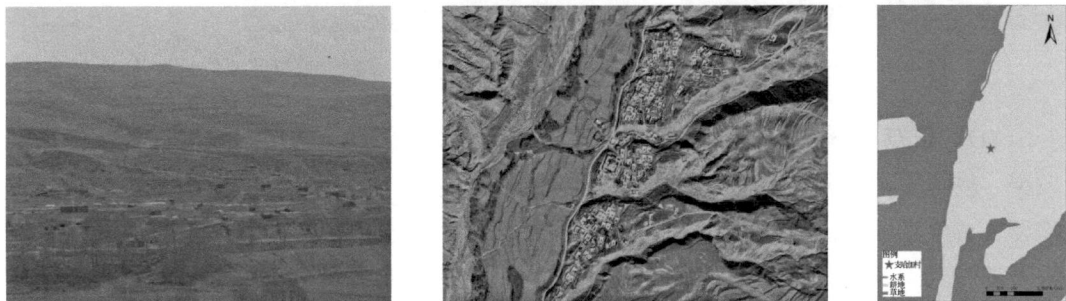

图 3-29　藏族村落低山条带状空间格局（支哈加村的现状图、卫星图、空间格局）

（2）回族村落多位于湟水流域海拔 2300～2700m 的浅山地区。此区间热量好但降雨少，形成田林相间的生态格局，故回族村民主要从事种植小麦和饲养牛羊的半农半牧生产活动。

村落居中为生活空间，耕地和草地等生产空间环绕村落四周，水系经过村落附近，形成"村—田—草—水"的浅山圈层式空间格局（图 3-30）。

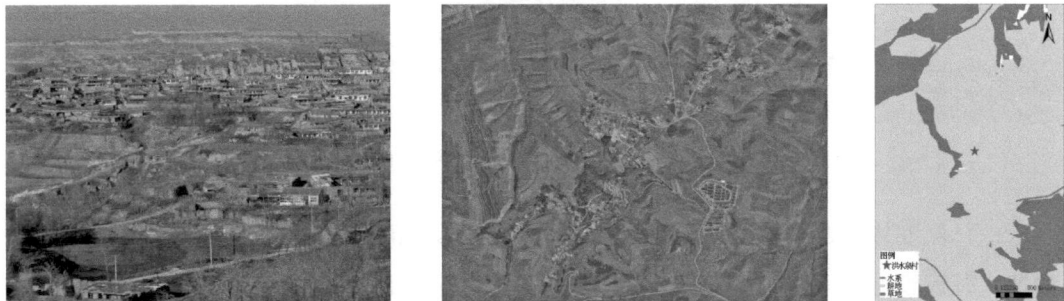

图 3-30　回族村落浅山圈层式空间格局（洪水泉村的现状图、卫星图、空间格局）

（3）土族村落集中在湟水流域海拔 2300～2700m 的浅山地区。与回族村落区位环境一致，但生产方式略有不同，土族村民主要从事农业生产，农耕文化突出，少部分从事畜牧业，以饲养八眉猪闻名。

村落多位于河谷阶地，依山傍水，以村落为生活空间，生产空间以耕地围绕村落分布为主，少量草地散布于耕地间，水系经过村落一侧，形成"田—村—水—草"的浅山条带状空间格局（图 3-31）。

图 3-31 土族村落浅山条带状空间格局（索卜滩村的现状图、卫星图、空间格局）

（4）撒拉族村落主要分布在黄河流域海拔 1800～2200m 的川水地区。此区间阶地较窄，耕地资源有限，热量条件最好，但降雨量最少，完全的农耕生产无法满足生存需要，故生活于此的撒拉族村民需要通过大量的畜牧业补充农业活动匮乏导致的食物资源不足。

村落居中为生活空间，生产空间主要为耕地和草地，少量林地零星分布其间，撒拉族村落多"逐干流、近支流"，故村落周围通常有 1 条支流经过或 1 条支流和 1 条干流围绕，主要形成"村—田—草—水"的川水圈层式空间格局（图 3-32）。

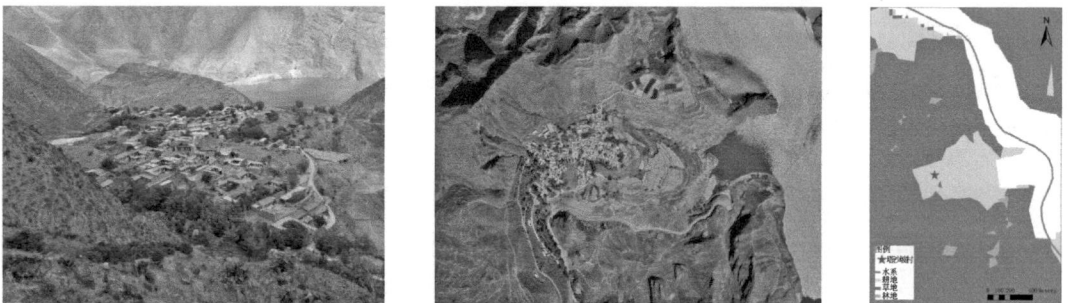

图 3-32 撒拉族村落川水圈层式空间格局（塔沙坡村的现状图、卫星图、空间格局）

（5）保安族村落位于黄河流域海拔 1900～2000m 的川水地区。此区间属黄河冲击台地，海拔较低，气温年差较大，太阳能资源丰富，植被茂密，石峡林立，土地资源以耕地为主，少量草地，靠近山体有成片天然次生灌木林，适于发展牧业，故保安族村民生产方式以农业为主，兼营牧业。

村落居中为生活空间，耕地、草地、林地众多生产空间环绕村落四周，水系流经村落附近，构成"村—田—草—林—水"的川水圈层式空间格局（图 3-33）。

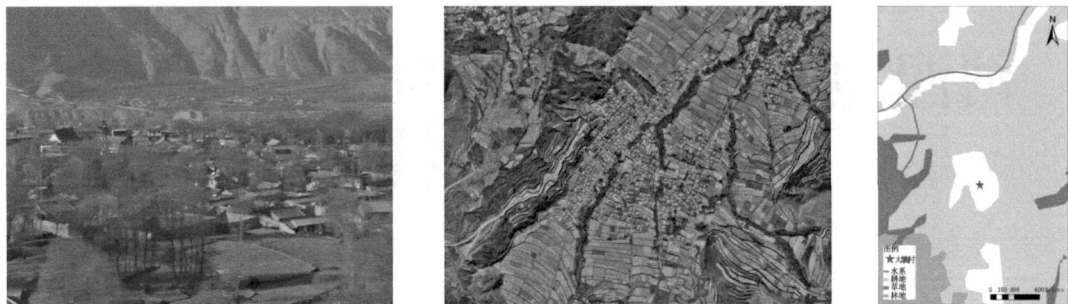

图 3-33　保安族村落川水圈层式空间格局（大墩村的现状图、卫星图、空间格局）

第四章

河湟地区传统村落空间基因提取与
信息数据库构建

4.1 传统村落样本选取与空间基因体系构建

4.1.1 传统村落样本选取与边界确定

4.1.1.1 村落样本选取

为了更加科学、深入地了解河湟地区不同民族的村落空间结构肌理和空间风貌特色，需选取典型传统村落样本进行空间基因信息挖掘、提取和深入解析。典型村落样本必须具有良好的地域环境适应性；具有鲜明的民族风俗习惯，体现少数民族聚落的整体风貌；满足一定数量的原生民族人口聚居与生活延续，具备较完善的居住和生活功能等条件。最终本书从研究对象中选取 20 个不同民族的村落作为典型村落样本进行研究（表 4-1）。

河湟地区典型传统村落样本汇总表 表 4-1

村落编号 OID	村落名称 Name	民族属性 EA	所属市州 City	所属县域 District	称号名录 Title list
Z1	瓜什则村	藏族	黄南藏族自治州	同仁县	中国少数民族特色村寨、中国传统村落
Z2	尖巴昂村	藏族	黄南藏族自治州	尖扎县	中国少数民族特色村寨、中国传统村落
Z3	塔加一村	藏族	海东市	化隆回族自治县	中国少数民族特色村寨、中国传统村落
Z4	塔加二村	藏族	海东市	化隆回族自治县	中国少数民族特色村寨、中国传统村落
Z5	下排村	藏族	海南藏族自治州	贵德县	中国少数民族特色村寨、中国传统村落
Z6	扎毛村	藏族	黄南藏族自治州	同仁县	中国少数民族特色村寨
Z7	支哈加村	藏族	海东市	化隆回族自治县	中国少数民族特色村寨
H1	洪水泉村	回族	海东市	平安县	中国传统村落
H2	塔尔湾村	回族	西宁市	大通回族土族 自治县	中国少数民族特色村寨

村落编号 OID	村落名称 Name	民族属性 EA	所属市州 City	所属县域 District	称号名录 Title list
T1	北庄村	土族	海东市	互助土族自治县	中国少数民族特色村寨、中国传统村落
T2	索卜滩村	土族	海东市	互助土族自治县	中国少数民族特色村寨、中国传统村落
T3	哇麻村	土族	海东市	互助土族自治县	中国少数民族特色村寨、中国传统村落
T4	张家村	土族	海东市	互助土族自治县	中国少数民族特色村寨、中国传统村落
S1	阿河滩村	撒拉族	海东市	化隆回族自治县	中国少数民族特色村寨
S2	大庄村	撒拉族	海东市	循化撒拉族 自治县	中国历史文化名村、 中国传统村落
S3	塔沙坡村	撒拉族	海东市	循化撒拉族 自治县	中国少数民族特色村寨、中国传统村落
S4	下庄村	撒拉族	海东市	循化撒拉族 自治县	中国少数民族特色村寨、中国传统村落
S5	赞上村	撒拉族	海东市	循化撒拉族 自治县	中国少数民族特色村寨
B1	大墩村	保安族	临夏回族自治州	积石山保安族东乡 族撒拉族自治县	中国少数民族特色村寨
B2	甘河滩村	保安族	临夏回族自治州	积石山保安族东乡 族撒拉族自治县	中国少数民族特色村寨

4.1.1.2 村落边界确定

村落是人聚居的地方，人造物质聚集之处与人造物质稀少之处自然会产生一定的分界，这就是聚落与生俱来的"界域性"[129]。无论是对空间基因的量化解析还是空间形态的解读重构，都需要明确其空间限定。通过从青海省自然资源厅及河湟地区各市、县、村政府调研得知，由于地理环境复杂、测绘条件不足等多种原因，该地区尚无村级测绘图纸，也没有完善的行政边界划分和房屋产权归属等信息。因此，本研究工作开展的先决条件是从村落现状肌理中提取村落边界，且提取方法要具备学术性和科学性双重属性。

（1）建立村落总平面空间矢量数据库

通过 LocaSpace Viewer 获取村落高清影像图作为底图，使用 AutoCAD 软件绘制各村落样本总平面各空间要素，建立村落总平面空间矢量数据库（表 4-2）。

村落总平面空间矢量数据库绘图内容与要求 表 4-2

矢量要素	绘图内容	绘图要求
建筑斑块	村落中的民居建筑、宗教建筑、教育建筑等	按不同建筑类型分别建立图层，绘制村落内所有建筑物和构筑物的整体外轮廓(不含院落)
院落斑块	村落建筑前后左右用墙、栅栏围起来的或被建筑围合的场地空间，分为外院和内院	按不同院落形式分别建立图层，绘制院落的整体外轮廓(包括玻璃顶棚)

矢量要素	绘图内容	绘图要求
公共空间斑块	集中的公共场地,如广场、晒谷场、重要节点空间等	按不同空间类型分布建立图层,绘制村落公共空间斑块整体外轮廓
道路	村内及邻村的村域干路、区间支路、户间巷路、乡道、县道、省道、国道等	按道路等级分别建立图层,绘制道路中线
河流水系	村内及邻村的一级河流、二级河流、三级河流等	根据河流等级分别建立图层,绘制河道中线和河道与村落的边界线
山体	邻村的山体空间	绘制山体与村落的边界线

注:耕地/林地/草地等环境要素与村落边界过于模糊难以提取,本书不进行矢量绘制,可结合卫星图进行后续空间结构和空间形态的解析。

（2）基于 Delaunay 三角网计算村落建筑间的平均影响距离

住居之间的距离对整个聚落形态有着非常大的影响,聚落建筑单体间的距离反映它们相互间的联系及其内部秩序[41],聚落的生长是建筑在建造过程中不断被秩序化的过程;或者说秩序化是聚落生长的一个必然环节[130]。而在真实聚落环境中,聚落边界往往大于建筑边界,因此,将村落建筑的平均影响距离作为建筑边界和村落边界之间的缓冲空间,是符合聚落扩张或收缩规律的。这一距离的计算可以通过 Delaunay 三角网求得。

将村落建筑形心抽象为点,通过 ArcGIS 生成建筑点的 Delaunay 三角网。由于 Delaunay 三角网本身倾向于构成一个凸多边形,会在村落的凹边缘制造出一些距离过远的联系线。佐藤方彦在其《人间工学基准数值数式便览》中对个人之间距离关系基于社会视域进行分类[41],其中 50m 是"识别域"中"远方相"（35～50m）的上限,距离再大,人对空间的感受以及对景物的识别将过于微弱,故而本研究将 50m 作为 Delaunay 三角网中两个建筑之间的距离上限（表 4-3）。通过删除两个建筑之间最小距离在 50m 以上的联系线,形成村落最终的 Delaunay 建筑点网络图。计算所有联系线定义的两个建筑之间最小距离的均值,即可获得村落建筑基于 Delaunay 三角网的平均距离和标准差。根据统计学原理中的 3-Sigma 经验准则（又称 68—95—99.7 规则）将村落建筑间的平均影响距离设为 $\mu + 3\sigma$（μ 表示均值,σ 为均值的标准差）。

日本人所表现出的个人之间距离关系的分类　　　　　　　　　表 4-3

带域	相	距离(m)	特征
相互认识域	近接相	3～7	与熟人进行搭话的范围
	远方相	7～20	可以长时间待下去的距离
识别域	近接相	20～35	可以看清熟人的表情而相互打招呼的范围
	远方相	35～50	能判别是否为熟人的范围

（根据佐藤方彦《人间工学基准数值数式便览》资料整理绘制）

（3）以村落建筑间平均影响距离为标准半径提取对应村落的建筑边界

根据上述方法分别计算出每个村落建筑间的平均影响距离,并结合"凸包"定义,将每个村落建筑间的平均影响距离作为相邻建筑的标准半径来提取对应村落的建筑边界。

首先，在村落总平面CAD中提取所有建筑斑块并对无效斑块进行剔除，无效斑块指村落中个别游离于村落主体之外且距离最近建筑超过100m的建筑斑块，100m是社会性视域的最上限[131]，超过这一距离则无法判别对方的身份及行为，在本研究中将这些建筑斑块视为无效斑块（即将此距离视为异常值）剔除。其次，基于村落最外缘建筑单体的转角顶点作跨越式连接，勾出建筑边界连接线（连接线不能穿越建筑实体），连接线要将所有建筑围合于内且形成闭合图形，且单段连接线不超过该村落建筑间的平均影响距离，当建筑单体间距超过该村落建筑间的平均影响距离时，则取最短连接线作为建筑边界。

（4）确定村落边界

在现实村落中，村落边界必然大于村落建筑边界，而村落的扩张或收缩受到村落建筑平均影响距离的影响。因此，将已获取的每个村落的建筑边界以该村落建筑间平均影响距离向外偏移扩大，所获得的闭合图形即为该村落的初次边界，这符合村落自然生长变化的规律。将初次边界置于村落总平面CAD中，结合村落的环境要素（山体、水系、道路）边界对村落边界进行二次修正，修正规则为村落建筑边界与村落环境要素边界间距不大于村落建筑间的平均影响距离，则取环境边界作为村落边界部分；若村落建筑边界与村落环境要素边界间距大于村落建筑间的平均影响距离，则以初次边界作为村落边界部分。在二次修正的基础上对于边界存疑区域通过现场勘验进行明确，对于边界确定区域通过抽点调研方式进行校验，最终得到确定的唯一村落边界（图4-1）。

4.1.2　村落空间基因识别、遴选与量化途径

空间基因是构成传统村落空间结构的最基本单位，是承载空间形态表征的物质性要素。对河湟地区传统村落空间基因现状的解读是对村落地域形态与民族文脉肌理特征认识的基础。村落空间形态是由内在机制与外部因素共同作用下形成的，其形态要素大致可分为自然要素、人工要素、人文要素三类。自然要素为村落营建提供物质环境，是村落发展与形态形成的基础，包括气候、地形地貌、山体、水系、植被等，村落的布局与自然要素相结合呈现出不同的空间形态表征。人工要素是居住者主观能动改造自然、利用自然的建设活动成果，包括建筑物、构筑物、人工道路、公共空间、景观小品等，通常与村民的生活需求密切相关，是构成村落空间形态最主要的部分。人文要素是通过漫长的历史沉淀，几代人的积累与传承形成的，主要包括村落的历史文化、宗教信仰、地域与民族特色、生产与生活习惯等。它记录着村落的历史演进轨迹，渗透到村落肌理的各个方面，对村落空间形态的影响是深刻且长远的。

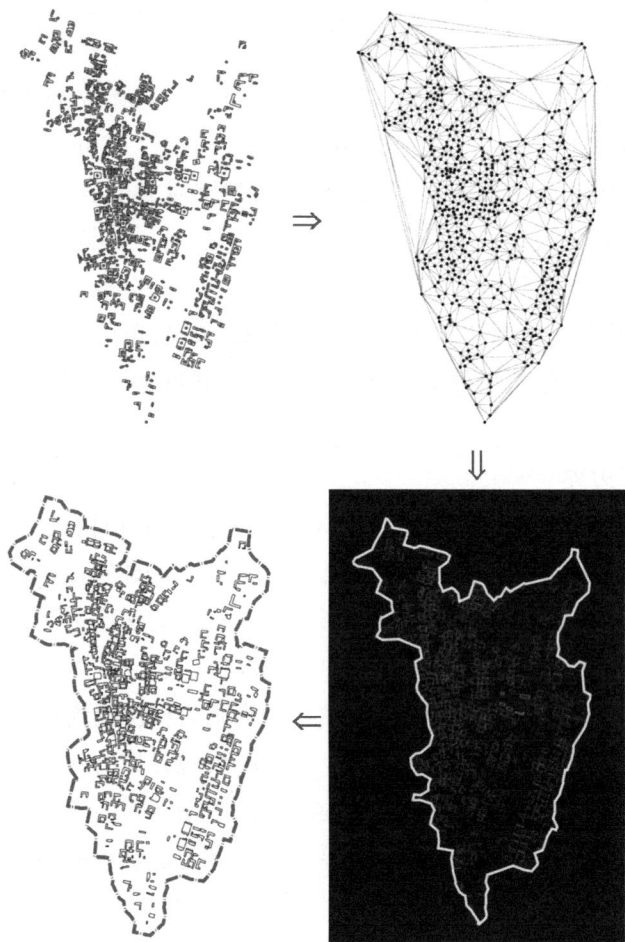

扫码看彩图4-1

图 4-1　村落边界提取流程

　　传统村落的空间肌理与特色风貌通过空间形态信息展现出来，空间形态信息是对空间形态要素特征的表达，具有全面性、抽象性和复杂性的特征。全面性体现在空间形态信息包含表达村落空间形态的自然、人工、人文三大要素的全面性特点，这是信息本质所决定的。抽象性是指对村落空间风貌的表达，实际上是对空间形态要素抽象提取的过程，是将形态要素通过文字、数值、图谱等信息进行描述。复杂性则是指空间形态要素可以通过多种形态信息进行表达，空间形态信息具有复杂的逻辑关系。因此，对于河湟地区传统村落空间基因应在"全面性、可译性和直观性"原则指导下进行识别，即空间基因的识别与提取结果能够确保反映地域性传统村落空间形态与风貌特征的全貌；空间基因量化数据与表征信息对应并可进行数字化转译，同时避免"一因多译"；空间基因所控制与表达的空间形态表征能够被直观读取与解析。以此确保所识别的空间基因能够展现特色鲜明的村落空间意象。"意象"的概念出自凯文·林奇（Kevin Lynch）的《城市意象》[132]，物质空间中包含的可被观察者感知到的引起强烈共鸣的特性即为物质环境的可意象性。林奇通过对城市意象的区域、边界、道路、节点、标志物五个物质形态要素关系的阐述，强调各形态应具有可识别性与意向性，构成特色鲜明的城市空间。本研究在这一理论基础上，结合已有形态研究成果与河湟地区多民族嵌套共生空间格局的多元形态特征，以"中观—微观"的不同空间形态要素层级从界域空间、公共空间、街道空间、建筑空间和特色空间五个空间维度进行空间基因识别，最终遴选出12个形态要素及对应决定其"性状"的22个空间基因，几乎涵盖河湟地区传统村落的全部空间形态表征。采用空间信息量算中关于空间形态分析、空间计量分析、拓扑分析、空间句法、距离分析等测度方法，应用不同软件对典型传统村落样本的22个空间基因进行量化测算（表4-4）。

传统村落空间形态要素与空间基因汇总　　　　　　　　表4-4

空间维度	空间形态要素	空间基因	基因编码	量纲	量化途径
界域空间	形状要素	长宽比	A1_1_LWR	—	AutoCAD—Excel
		形状偏离度	A1_2_PSI	—	AutoCAD—Excel
	形态要素	规则度	A2_1_AWMSI	—	AutoCAD—Fragstats
		复杂度	A2_2_AWMPFD	—	AutoCAD—Fragstats
公共空间	开放空间要素	孔隙率	B1_1_P	%	AutoCAD—ArcGIS—Excel
		破碎度	B1_2_OSFD	—	AutoCAD—Fragstats
	院落空间要素	院落规模	B2_1_CYA	m²	AutoCAD—ArcGIS—Excel—OriginPro
		空间率	B2_2_SR	%	AutoCAD—Excel
街道空间	街网发达度要素	街网线密度	C1_1_SLD	m/m²	AutoCAD—ArcGIS—Excel
		街网面密度	C1_2_SPD	—	AutoCAD—ArcGIS—Excel
	街巷系统要素	整合度	C2_1_DOI	—	AutoCAD—Depthmap
		选择度	C2_2_DOC	—	AutoCAD—Depthmap
		智能度	C2_3_VOI	—	AutoCAD—Depthmap
		空间熵	C2_4_SE	—	AutoCAD—Depthmap
建筑空间	建筑平面空间要素	空间占据率	D1_1_SOR	%	AutoCAD—ArcGIS—Excel
		居住空间规模	D1_2_RBA	m²	AutoCAD—ArcGIS—Excel—OriginPro
	建筑竖向空间要素	建筑高程	D2_1_BE	m	AutoCAD—ArcGIS—Excel—OriginPro
		建筑坡度	D2_2_BS	°	AutoCAD—ArcGIS—Excel—OriginPro
	建筑空间秩序要素	建筑空间秩序	D3_OVD	—	AutoCAD—ArcGIS—Excel
特色空间	崇拜要素	崇拜基因	E1_WD	m	AutoCAD—ArcGIS—Excel—OriginPro
	亲水要素	亲水基因	E2_WFD	m	AutoCAD—ArcGIS—Excel—OriginPro
	社交要素	社交基因	E3_SD	m	AutoCAD—ArcGIS—Excel—OriginPro

4.1.3　村落空间基因片段信息挖掘

河湟地区传统村落空间基因是汇总了地域性与民族性数字化信息的空间形态信息簇，包含了各空间形态要素关联信息的重要资源，通过对多源的空间基因信息进行汇总、归类与关联，将其划分为描述村落空间形态表征信息的空间基因片段，以实现对传统村落空间秩序与空间风貌的数字化转译。空间基因片段的划分是根据每个空间形态要素及其空间基因信息簇中存在较大差异的连续数值区间进行聚类统计，同一个空间基因可被划分与归纳为若干村落空间形态表征的基因片段，不同空间基因片段所表达的空间形态表征之间存在显著差异。空间基因片段的划分，可以进一步以空间数字化为基础进行传统村落空间形态的类型划分、归纳与比较，从而实现对河湟地区传统村落空间形态更全面与深入的认知，对地域性传统村落空间基因的传承保护与优化更新具有积极作用。

空间基因片段数量是指同一空间形态要素或空间基因可划分为不同空间形态表征类型的数量。对于已有划分标准的形态要素或空间基因，按其标准进行划分（如长宽比、智能度、建筑坡度等）。对于尚无划分标准的形态要素或空间基因，首先利用Min-Max算法对数据进行标准化处理，去除不同数据的单位限制和量纲差异，将数据映射在 [0，1] 区间内，然后通过 SPSS 软件采用 K-means 聚类统计分析对其空间基因片段数量信息进行挖掘。

4.2　界域空间基因提取与信息挖掘

村落界域形态的演化与村落发展过程中的生长变化、边缘效应等紧密联系，标识了村落空间秩序的起始。它既反映了边界轮廓的形状表征，又包含了边界空间所体现的形态信息，也包含了村落由内而外蔓延推进的过程性信息。对于界域空间基因的量化，需要实现对其形状要素和形态要素的数字化描述，形状要素包含长宽比和形状偏离度两个空间基因，形态要素包含规则度和复杂度两个空间基因。

4.2.1　形状要素

4.2.1.1　长宽比 （A1 _ 1 _ LWR）

村落边界图形长轴与短轴的比值即为长宽比 （Length-width Ratio），是表征村落狭长程度的形状因子，能够在中观上反映村落的整体轮廓形状特征。本文通过 ArcGIS 软件生成村落边界图形的最小外接矩形 （Minimum Bounding Rectangle _ by _ Area），然后将最小外接矩形导入 AutoCAD 软件获取其长宽数值并计算村落边界的长宽比，见式（4-1）。

$$\lambda = \frac{L}{W} \tag{4-1}$$

其中，λ 为村落边界的长宽比；L 为最小外接矩形的长（m）；W 为最小外接矩形的宽（m）。

4.2.1.2　形状偏离度（A1 _ 2 _ PSI）

村落在演化过程中与周围环境基质相互扰动，使得边界轮廓的生长变化呈现不规则形态，村落的整体空间发展方向也会出现与原有村落中心或几何形心发生偏离的现象，这一现象隐含了村落在演变中的诸多信息。形状指数（Patch Shape Index）是一种广泛应用于景观生态学的量化指标。它基于一个紧凑规则斑块（圆形、正方形、矩形或其他规则多边形斑块等）作为参照基准，通过计算不规则斑块与其相同面积的规则斑块的周长比，得到以规则斑块为基准的轮廓比，反映不规则斑块与其相同面积的规则斑块的偏离程度。本书尝试将村落边界轮廓类比成一个景观斑块，运用以等面积、同长宽比椭圆为基准斑块的形状指数模型进行村落样本的形状偏离度量化表征，见式（4-2）。

$$S = \frac{P}{(1.5\lambda - \sqrt{\lambda} + 1.5)} \sqrt{\frac{\lambda}{A\pi}} \tag{4-2}$$

其中，S 为村落边界的形状偏离度指数；P 为村落边界斑块的周长（m）；A 为村落边界斑块的面积（m^2）；λ 为基准椭圆斑块的长宽比。

4.2.2　形态要素

4.2.2.1　规则度（A2 _ 1 _ AWMSI）

面积加权的平均形状指数（Area-weighted Mean Shape Index）是衡量景观空间形态规则程度的重要指标之一，对许多景观生态演化进程都有影响，尤其与景观斑块的边缘效应具有显著的生态意义[133]。取值范围：$AWMSI \geqslant 1$，无上限。对于景观斑块而言，该指数越接近 1 说明景观中所有斑块越接近正方形，指数越大则斑块形态越不规则。本书以 $AWMSI$ 来表征村落边界形态的规则程度，$AWMSI$ 随边界形态的不规则性增加而增大，边界效应也越显著，见式（4-3）。

$$AWMSI = \sum_{i=1}^{n} \left[\left(\frac{0.25P_i}{\sqrt{a_i}} \right) \left(\frac{a_i}{A} \right) \right] \tag{4-3}$$

其中，$AWMSI$ 为村落边界的规则度指数；P_i 为斑块 i 的周长（m）；a_i 为斑块 i 的面积（m^2）；A 为景观斑块的总面积（m^2）；n 为斑块总数量。

4.2.2.2 复杂度（A2 _ 2 _ AWMPFD）

面积加权的平均斑块分维指数（Area-weighted Mean Patch Fractal Dimension）是运用分维理论来测量景观空间格局复杂程度的重要指标[134]，在一定程度上能够反映人类活动对景观格局的影响，一般来说受人类活动干扰小的景观分数维值高。取值范围：$1 \leqslant AWMPFD \leqslant 2$。本书引用 $AWMPFD$ 来描述村落边界轮廓的复杂程度，该指数越接近 1 则说明村落边界形态越简单；越接近 2 则说明村落边缘空间复杂程度越高，见式（4-4）。

$$AWMPFD = \sum_{i=1}^{n} \left[\frac{2\ln(0.25P_i)}{\ln a_i} \left(\frac{a_i}{A} \right) \right] \tag{4-4}$$

其中，$AWMPFD$ 为村落边界的复杂度指数；P_i 为斑块 i 的周长（m）；a_i 为斑块 i 的面积（m²）；A 为景观斑块总面积（m²）；n 为斑块总数量。

4.2.3 界域空间基因片段表征与解析

4.2.3.1 形状要素基因片段

学术界最初对于聚落的界域形状表征通常定性地将其描述为线状、团状、星状、聚集、散布等，这种描述思路源自 20 世纪初道萨迪亚斯（C. A. Doxiadis）及德芒戎（A. Demangeon）对欧洲乡村聚落的分类描述[7]，在我国也多有沿用，如金其铭将村落分为集聚型村落和散漫型村落，而集聚型村落又可细分为团状、带状、环状等不同的村落类型[26]。姜丹把新疆和田流域传统村镇聚落分为条带型、组团型、放射型和自由型[135]。定量表达聚落界域形状特征的研究主要有浦欣成提出的聚落边界形状指数法[136]，本文在此方法基础上，结合河湟地区实地情况确定了传统村落界域空间形状要素基因片段的量化指标（表 4-5）。

形状要素的基因片段量化指标　　　　　　　　　　　　　表 4-5

形状偏离度 S	形状要素基因片段	长宽比 λ	亚形状基因表征类型
$S \geqslant 1.7$	指状	$\lambda < 1.5$	团指状
		$1.5 \leqslant \lambda < 2$	指状
		$\lambda \geqslant 2$	带指状
$S < 1.7$	团状	$\lambda < 1.5$	团状
		$1.5 \leqslant \lambda < 2$	带团状
	带状	$\lambda \geqslant 2$	带状

根据传统村落样本的长宽比 λ 确定主控形状要素基因表征，当 $\lambda \geqslant 2$ 时，主控表征为带状，当 $\lambda < 2$ 时，主控表征为团状。然后，利用村落边界的形状偏离度 S 将形状要

素基因类型进一步细分，当 $S \geqslant 1.7$ 时：$\lambda < 1.5$，为团指状；$1.5 \leqslant \lambda < 2$，为指状；$\lambda \geqslant 2$，为带指状。当 $S < 1.7$ 时：$\lambda < 1.5$，为团状；$1.5 \leqslant \lambda < 2$，为带团状；$\lambda > 2$，为带状。

通过对长宽比基因（A1_1_LWR）和形状偏离度基因（A1_2_PSI）的量化界定，形状要素可划分为"团状""带状"和"指状"3 个基因片段，样本量分别为 13、4、3，并可进一步细分为"团状""带团状""带状""带指状""团指状""指状"6 种亚形状基因表征类型。其中，"带团状"村落边界是在团状表征基底上呈现出带状发展倾向；"带指状"村落边界呈现出带状倾向的指状表征；"团指状"村落边界呈现出团状倾向的指状表征（图 4-2）。

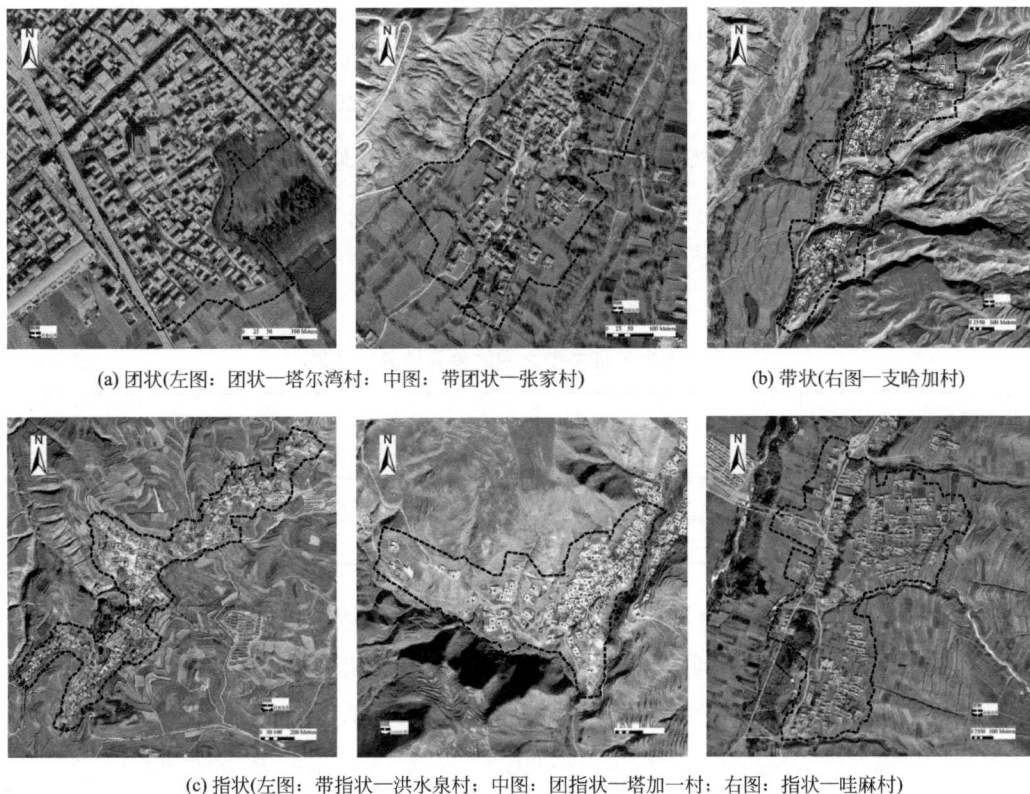

(a) 团状(左图：团状—塔尔湾村；中图：带团状—张家村)   (b) 带状(右图—支哈加村)

(c) 指状(左图：带指状—洪水泉村；中图：团指状—塔加一村；右图：指状—哇麻村)

图 4-2 形状要素的表征类型划分

从各种形状要素类型对应的村落样本数量来看（图 4-3），团状表征占样本总数的 65%，主要包括团状和带团状两种表征类型，且所有民族都有团状村落，说明团状是河湟地区传统村落轮廓形状最主要的表征形态，也是各少数民族在营建幸福家园过程中的首选边界空间形状。

4.2.3.2 形态要素基因片段

形态要素综合地反映村落界域空间形态的规则性和复杂性，将规则度基因（A2_

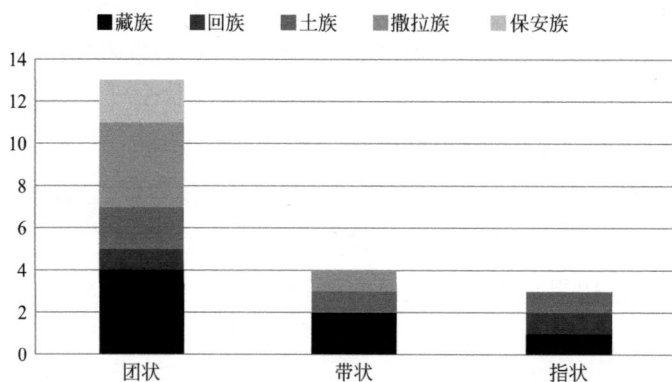

图 4-3　形状要素类型对应的村落样本数量

1＿AWMSI）和复杂度基因（A2＿2＿AWMPFD）量化数据标准化处理后作为 2 个变量进行聚类分析，被划分为 3 个基因片段，规则度基础数据区间为［1，1.5833］、（1.5833，2.0287］、（2.0287，3.1532］，复杂度基础数据区间为［1，1.0707］、（1.0707，1.1081］、（1.1081，2］，样本量分别为 4、14、2，分别对应"简单规则型""混合锯齿型""复杂自由型"三种形态要素表征类型（表 4-6）。

形态要素表征类型之间的差异性分析结果　　　　表 4-6

空间基因	聚类		误差		F	显著性
	均方	自由度	均方	自由度		
A2_1_AWMSI	0.388	2	0.007	17	53.494	0.000
A2_2_AWMPFD	0.379	2	0.007	17	53.413	0.000

　　"简单规则型"的村落边界相对规则且平滑，凹凸幅度柔和；"混合锯齿型"的村落边界局部规整，整体凹凸明显且幅度强烈，呈现锯齿状现象；"复杂自由型"的村落边界无明显规律，呈现出多种类型自由拼贴的复杂形态表征（图 4-4）。从各种类型形

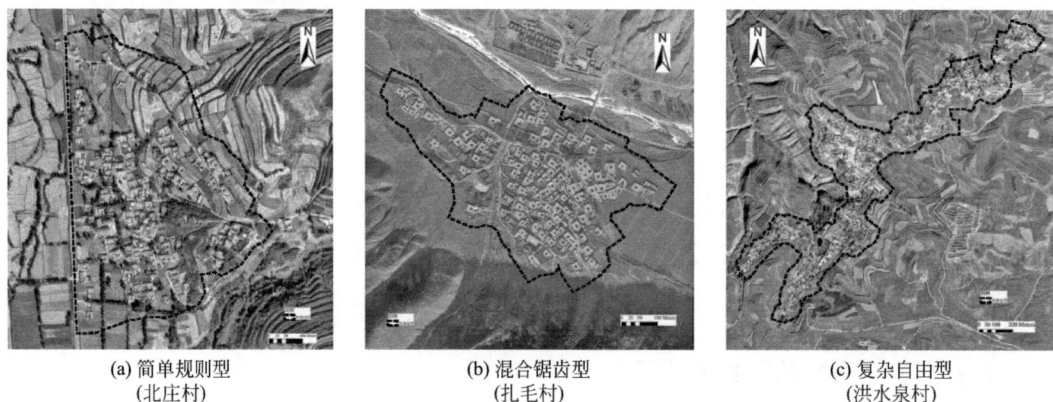

(a) 简单规则型　　　　　　　　(b) 混合锯齿型　　　　　　　　(c) 复杂自由型
(北庄村)　　　　　　　　　　(扎毛村)　　　　　　　　　　(洪水泉村)

图 4-4　形态要素的表征类型划分

态要素基因片段对应的样本数量来看，"混合锯齿型"是河湟地区传统村落边界轮廓的主要形态类型。

4.3　公共空间基因提取与信息挖掘

传统村落聚落从建筑单体到院落组合，由房前巷口至最后的村落整体，其室外公共空间总是处于被动从属地位，但同时具有类似孔隙化且在各层级之间具有某种自相似性的形态表征[137]。在村落自下而上的演化过程中，相近的建筑形式和院落规模往往表现出公共空间比例与形态的共性。复杂的外部环境和空间格局使得室外公共空间界面受挤压而结构化增强，于是空间关系趋于复杂，而空间体验也更为丰富。因此，由于功能属性使然，村落的室外公共空间需要作为一个整体进行研究。通过对村落室外公共空间形态表征的量化与比较研究，可解析村落空间结构的疏密性程度、相似性与差异性，也可以更加清晰地反映当地村民活动的场所特征。村落的室外公共空间主要包括开放空间要素和院落空间要素，开放空间要素包括村落中的自然环境要素（耕地、草地、水系等）和人工要素（街巷、广场、晒谷场等），采用孔隙率、破碎度两个空间基因进行量化表达。院落空间要素包括村落建筑的外院和内院，通过院落规模和空间率两个空间基因来描述其形态表征。

4.3.1　开放空间要素

4.3.1.1　孔隙率（B1_1_P）

孔隙率（Porosity）在建筑科学中用于描述块状材料中孔隙体积与材料在自然状态下总体积的百分比[138]。已有研究中，乔治·加尔斯特（George Galster）等人将孔隙率参数应用于城市蔓延过程中开放空间的量化研究[139]。本书引用孔隙率对村落开放空间规模的占比进行量化描述，进而对村落空间形态的疏密差异性加以区分，见式（4-5）。

$$P = \frac{S_O}{S_A} \times 100\% \tag{4-5}$$

其中，P 为村落开放空间规模的百分率；S_O 为村落开放空间系统的总面积（m²）；S_A 为村落的总面积（m²）。

4.3.1.2　破碎度（B1_2_OSFD）

"先天的"自然环境决定了村落的空间多样性，而村落在生长过程中对于空间的选择是弹性的，这使得村落的开放性空间总是呈现出"破碎"的分布状态。同一地域不同传统村落的建筑单体间的相似性较高，但开放空间系统作为村落空间的重要组成部分，在村落建筑群体布局的空间结构上往往具有差异性，这种差异性可以运用分形理论进行量化描述。分形理论由美籍数学家本华·曼德博（Benoît B. Mandelbrot）于1975年提出[140]，该理论起初主要应用于地球现象的空间特征和时间演化研究[141-145]。分形维数的计算方法有三种：面积—周长关系法、计盒法和面积—半径关系法。面积—半径关系法是从动态角度描述城乡增长和演变机制的方法，计盒法更适合城市大体量的分盒计数，本研究采用"面积—周长关系法"计算开放空间的分维度（Open Space Fractal Dimension）作为村落的破碎度指数来描述村落的空间结构差异性[146]，取值范围：$1 \leqslant F \leqslant 2$，见式（4-6）。

$$F = \frac{2\ln(0.25P_O)}{\ln(S_O)}$$ （4-6）

其中，F 为村落的破碎度指数；P_O 为开放空间系统的周长（m）；S_O 为开放空间系统的面积（m²）。

4.3.2 院落空间要素

4.3.2.1 院落规模（B2_1_CYA）

院落是河湟地区传统村落不可或缺的室外公共空间，不论是民居建筑还是公共建筑，几乎都包含院落空间，且同一村落的院落规模（Courtyard Area）大小具有一定的相似性，其面积围绕某一个数值波动。在本研究初期建立村落总平面空间矢量数据库时，已运用 AutoCAD 软件将村落样本的院落按外院和内院分别建立闭合图形图层，将院落斑块导入 ArcGIS 软件计算出对应村落所有院落规模的面积数值，再通过 Excel 统计获取该村落院落面积集合的平均值，以此作为相应村落样本的院落规模量化指标，并运用 OriginPro 软件以箱线图呈现。

4.3.2.2 空间率（B2_2_SR）

不同于开放空间要素，院落空间通常具有私人权属，且被围合于建筑物或围挡物之内，与建筑实体共同构成一个相对独立的空间结构体系，其相互之间呈现出明显的虚实差异关系。此外，院落空间占比也可以反映出村落内建筑的疏密程度，进而对村落整体空间结构的紧密程度作出描述，院落空间占比率越高，则村落空间结构紧密程度越低，见式（4-7）。因此本研究将院落空间率 SR（Space Rate）作为量化描述院落空间形态特征的基因之一。

$$SR = \frac{S_y}{S_y + S_b} \times 100\%$$ （4-7）

其中，SR 为村落的院落空间率；S_y 为村落院落空间面积之和（m²）；S_b 为村落建筑面积之和（m²）。

4.3.3　公共空间基因片段表征与解析

4.3.3.1　开放空间要素基因片段

（1）孔隙率基因（B1_1_P）量化数据被划分为 4 个基因片段，基础数据区间为 [0，48.1%]、(48.1%，68%]、(68%，76.6%]、(76.6%，84.9%]，样本量分别为 1、7、3、9，分别对应"小规模型""中规模型""中大规模型"和"大规模型"四种空间基因表征类型（表 4-7）。

"孔隙率"表征类型之间的差异性分析结果　　　　　　　　　　表 4-7

空间基因	聚类		误差		F	显著性
	均方	自由度	均方	自由度		
B1_1_P	0.460	3	0.005	16	94.278	0.000

不同空间基因片段反映了村落开放空间规模的不同占比特征，间接决定了村落空间肌理和空间风貌的基调。"小规模型"村落的空间肌理相对严整，街巷笔直交错，除部分街巷绿地外，少有其他类型的开放空间，空间集聚性较强。"中规模型"村落的开放空间系统具有相对较为发达的街巷系统和宅间绿地，村落交往空间主要集中在街巷空间中，空间尺度略显局促。"中大型规模"村落相较"中型规模"基础上，在重要建筑或街巷节点处设有小规模广场或局部的集中绿地，开放空间类型更为丰富，空间尺度舒适宜人。"大规模型"村落开放空间通常以围绕重要建筑节点规划建设的村落广场为主要公共活动空间，这类广场往往规模较大；此外，宽敞的道路、集中的晒谷场等也在很大限度上决定了开放空间规模的占比，同时村落还具有较为发达的自然绿地与景观资源，整体村落空间低秩稀疏（图 4-5）。从各种类型基因片段对应的样本数量来看，河湟地区传统村落主要呈现出"大规模型"的开放空间规模水平，各少数民族群体都倾向于围绕村落的重要建筑（宗教建筑）营建规模较大的公共广场空间。

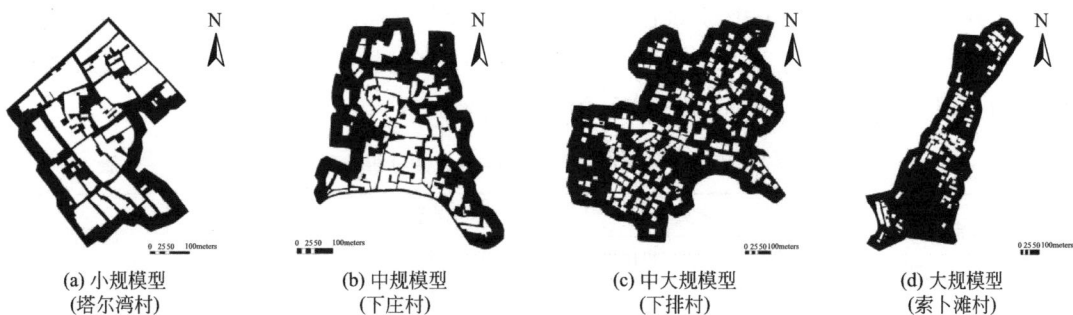

(a) 小规模型　　　　　　(b) 中规模型　　　　　　(c) 中大规模型　　　　　　(d) 大规模型
(塔尔湾村)　　　　　　(下庄村)　　　　　　(下排村)　　　　　　(索卜滩村)

图 4-5　"孔隙率"基因片段的表征类型划分

（2）破碎度基因（B1_2_OSFD）量化数据被划分为 3 个基因片段，基础数据区间为 [1，1.29]、(1.29，1.35]、(1.35，2]，样本量分别为 7、6、7，分别对应"规则型""混合型"和"自由型"三种空间基因表征类型（表 4-8）。

"破碎度"表征类型之间的差异性分析结果　表 4-8

空间基因	聚类		误差		F	显著性
	均方	自由度	均方	自由度		
B1_2_OSFD	0.957	2	0.009	17	111.925	0.000

通过开放空间的分维度可以对村落内部空间肌理的复杂程度有更好的解析，也可以更加清晰地反映村民活动的场所特征。"规则型"的开放空间主要表现为以较为集中的、单一的广场或街巷空间作为村落的主要交往空间。"自由型"的开放空间主要是由较为分散的、自发形成的交往空间构成开放空间体系。"混合型"的开放空间则是汇集多种开放空间形式的综合类型（图 4-6）。从各种类型基因片段对应的样本数量来看，河湟地区传统村落开放空间要素的各种形态类型比较平均。

(a) 规则型（张家村）　　(b) 混合型（阿河滩村）　　(c) 自由型（大墩村）

图 4-6　"破碎度"基因片段的表征类型划分

4.3.3.2　院落空间要素基因片段

（1）院落规模基因（B2_1_CYA）量化数据被划分为 4 个基因片段，基础数据区间为 [0，149.88m²]、(149.88m²，262.89m²]、(262.89m²，379.01m²]、(379.01m²，553.97m²]，样本量分别为 3、9、5、3，分别对应"小型院落""标准院落""大型院落"和"超大院落"四种空间基因表征类型（表 4-9）。

"院落规模"表征类型之间的差异性分析结果　表 4-9

空间基因	聚类		误差		F	显著性
	均方	自由度	均方	自由度		
B2_1_CYA	0.479	3	0.003	16	154.787	0.000

本研究对于每个村落样本的院落规模面积数据以村落的常规水平为准，对于面积过大或过小的异常数值在量化过程中被清洗剔除，不在分析范围中。"小型院落"类型的村落，其院落多以内院形式为主，院落的开间进深尺寸相近，且因用地或地形限制以致尺寸较小。"标准院落"类型的村落，院落空间尺度较为适宜，多采用前院后宅的外院形式。"大型院落"类型的村落，院落空间比较充裕，能够实现多种平面功能布局，如前后院式、二合院式、三合院式等，院落形式多以外院为主。"超大院落"类型的村落，其院落规模超过地方平均水平和地方标准要求，过大的院落通常多为公共建筑院落，多出现在村落外围或边缘地带（图4-7）。从各种类型基因片段对应的样本数量来看，"标准院落"类型的院落规模在河湟地区传统村落中最为普遍，即近似$[150m^2, 260m^2]$的面积区间是河湟地区传统村落院落空间要素的主要规模范围。

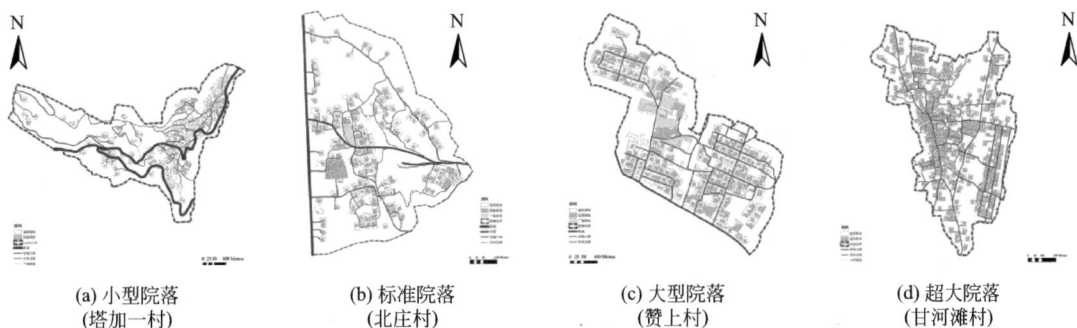

| (a) 小型院落 | (b) 标准院落 | (c) 大型院落 | (d) 超大院落 |
| (塔加一村) | (北庄村) | (赞上村) | (甘河滩村) |

图4-7 "院落规模"基因片段的表征类型划分

（2）空间率基因（B2_2_SR）量化数据被划分为4个基因片段，基础数据区间为$[0, 26.2\%]$、$(26.2\%, 36.8\%]$、$(36.8\%, 45\%]$、$(45\%, 56.2\%]$，样本量分别为2、7、7、4，分别对应"超低利用率型""低利用率型""中利用率型"和"高利用率型"四种空间基因表征类型（表4-10）。

"空间率"表征类型之间的差异性分析结果   表4-10

空间基因	聚类		误差		F	显著性
	均方	自由度	均方	自由度		
B2_2_SR	0.425	3	0.004	16	114.770	0.000

河湟地区早期对农村宅基地管理不严，致使有些村落院落规模过大，而村民受自身经济能力和建设水平限制，致使院落中除居住建筑外再无其他功能建设配置，造成空间利用率低，院落空旷感强烈，产生"超低利用率型"和"低利用率型"的空间基因片段。在"中利用率型"和"高利用率型"的村落中，村民的经济能力和建设水平普遍较好，建筑的空间布局、功能分区、绿化配置等较为完善，决定了空间利用率较高（图4-8）。从各种类型基因片段对应的样本数量来看，河湟地区传统村落院落空间利用主要呈现"中等偏低"水平，河湟地区传统村落经济发展相对滞后，村民经济收入较

低，因此院落在满足基本生活需求后，很少再进行设施完善或景观优化等建设活动。

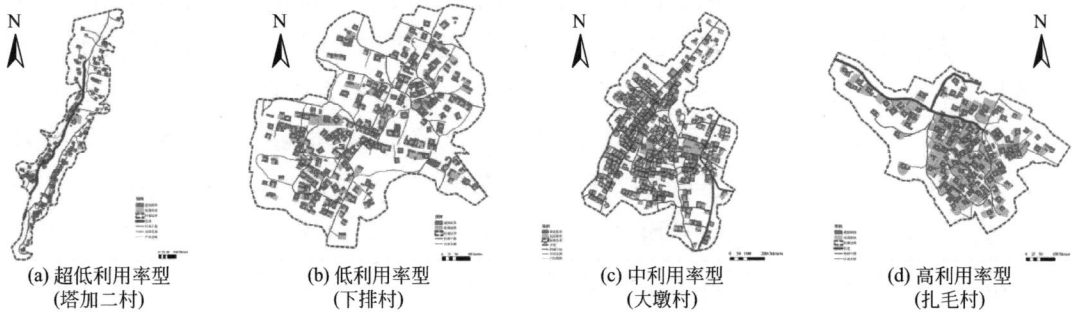

(a) 超低利用率型
(塔加二村)

(b) 低利用率型
(下排村)

(c) 中利用率型
(大墩村)

(d) 高利用率型
(扎毛村)

图 4-8 "空间率"基因片段的表征类型划分

4.4 街道空间基因提取与信息挖掘

街巷道路是村落空间形态的重要构成要素，以线型形态构成空间体系的骨架和脉络，对内将村落内各空间要素串联并形成有机整体，对外则是村落与外界进行沟通与交流的交通纽带，肩负着资源交换、物资运输等重要功能。因此，街巷道路决定了村落的空间肌理和空间结构，有效组织了村落的整体空间秩序。对于河湟地区传统村落的街道空间，一方面通过街网线密度和街网面密度两个基因作为其街网发达度要素的量化表达，另一方面还需要对村落相对完整的街网系统空间形态特征进行研究，以探寻村落整体空间的衍生规律。本书根据河湟地区传统村落的街网功能和空间尺度，将道路分为村域干路、区间支路和户间巷路三个等级（表 4-11），并引入空间句法中的整合度、选择度、智能度和空间熵作为村落整体街巷结构系统的空间基因进行信息挖掘，可得到其量化色谱图（各类参数值形成对应的分级色谱，颜色从暖红色向冷蓝色过渡，表示数值由高到低变化）。

河湟地区传统村落道路等级及交通功能　　　　　　表 4-11

道路等级	道路宽度(m)	交通功能
村域干路	6	以机动车通行功能为主，兼具非机动车交通、人行功能
区间支路	4	以非机动车交通、人行功能为主，兼具单车道集散交通作用
户间巷路	2	以人行功能为主，与支路连接

4.4.1 街网发达度要素

4.4.1.1 街网线密度（C1_1_SLD）

将村落内的街巷空间抽象为网线，对其界域范围内包含的街网路径总长度进行测度，可以反映村落街巷空间的疏密性程度[147]。街网线密度（Street Line Density）通过村落内街巷网线的总长度与村落面积的比值进行计量，见式（4-8）。

$$LD = \frac{\sum L_X}{A} \tag{4-8}$$

其中，LD 为村落的街网线密度（m/m²）；$\sum L_X$ 为村落内街巷网线的总长度（m）；A 为村落的总面积（m²）。

4.4.1.2　街网面密度（C1 _ 2 _ SPD）

道路空间尺度不同，在空间形态上亦呈现出差异性。将村落内各级道路按路面宽度提取为街巷网面，并统计其在村落界域范围内的面积总和，再除以村落总面积，即可得到村落的街网面密度（Street Plane Density）。通过该指标可以衡量村落内部道路的交通容量和街网形态特征，见式（4-9）。

$$PD = \frac{\sum A_X}{A} \tag{4-9}$$

其中，PD 为村落的街网面密度；$\sum A_X$ 为村落内街巷网面的总面积（m²）；A 为村落的总面积（m²）。

4.4.2　街巷系统要素

4.4.2.1　整合度（C2 _ 1 _ DOI）

整合度（Degree of Integration）是空间句法理论中描述系统中各个节点空间之间联系的集散程度和空间吸引力大小的核心变量之一。整合度高的空间可达性高，被选择为目的地的可能性也越大，即吸引人群集聚能力更强。整合度包括全局整合度（C2 _ 1 _ DOI$_a$）和局部整合度（C2 _ 1 _ DOI$_b$），分别从同一空间在整个系统中和局部范围内两个层面来反映其集散程度，局部整合度一般选择距测度节点 3 个拓扑单位（$n=3$）进行计量，见式（4-10，4-11）。本书引入整合度来量化表征河湟地区传统村落街巷系统的可达性和公共性。

$$I = \frac{n\left[\log_2\left(\frac{n+2}{3}-1\right)+1\right]}{(n-1)(MD-1)} \tag{4-10}$$

$$MD = \sum_{i=1}^{n} \frac{d_{ij}}{(n-1)} \tag{4-11}$$

其中，I 为村落街巷系统的整合度；MD 为村落街巷系统的平均深度；n 为街网节点总数；d_{ij} 为街巷系统中任意节点空间 i 与 j 之间的最短拓扑深度。

4.4.2.2 选择度（C2 _ 2 _ DOC）

选择度（Degree of Choice）是空间的穿过活性和交通潜力的量化指数，数值越高表示对应空间被选择穿行的活性越大，交通潜力越高。本研究通过选择度指数反映河湟地区传统村落街巷系统的交通活性和承载水平，由于村落各级道路尺度不同，选择度指数采用道路连接性加权，见式（4-12）。

$$C = \frac{\log_2 \left[\dfrac{\sum\limits_{i=1}^{n} \sum\limits_{j=1}^{n} \sigma_{(i,\,x,\,j)}}{(n-1)(n-2)} + 1 \right]}{\log_2 \left[\sum\limits_{i=1}^{n} d_{ij} + 3 \right]} \tag{4-12}$$

其中，C 为村落街巷系统的选择度；n 为街网节点总数；d_{ij} 为街巷系统中任意节点空间 i 与 j 之间的最短拓扑深度；$\sigma_{(i,\,x,\,j)}$ 为节点空间 i 经过 x 到 j 的最短拓扑路径，$i \neq x \neq j$。

4.4.2.3 智能度（C2 _ 3 _ VOI）

智能度（Value of Intelligibility）是局部整合度和全局整合度的线性拟合指数，反映通过局部空间的连接性感知整体空间的能力，数值越高表示人们能够很容易从局部空间理解和感知整体空间的结构并建立场景感。本书通过智能度来表征村落整体街巷结构系统可理解度和复杂程度，见式（4-13）。

$$R^2 = \frac{\left[\sum \left(I_{(3)} - I'_{(3)} \right) \left(I_{(n)} - I'_{(n)} \right) \right]}{\sum \left(I_{(3)} - I'_{(3)} \right)^2 \sum \left(I_{(n)} - I'_{(n)} \right)^2} \tag{4-13}$$

其中，R^2 为村落街巷系统的智能度；$I_{(3)}$ 为村落 $n=3$ 时的局部整合度；$I'_{(3)}$ 为村落 $n=3$ 时的局部整合度均值；$I_{(n)}$ 为村落的全局整合度；$I'_{(n)}$ 为村落的全局整合度均值。

4.4.2.4 空间熵（C2 _ 4 _ SE）

19 世纪 60 年代，德国物理学家克劳修斯（R. J. E. Clausius）首次提出"熵"的概念，用以描述能量在系统内的混乱程度[148]。村落就像生命体，通过街巷系统不断与外界进行能量和物质交换，其整体空间体系具有结构化特征。将整个村落的空间系统进行拓扑分析，空间熵（Space Entropy）可以作为衡量空间秩序状态的量化指标，通过街巷轴线结构反映村落整体空间结构是有序还是无序，空间熵值越小，村落整体空间结构越有序，反之则越无序，见式（4-14）。

$$SE = -\frac{\sum\limits_{i=1}^{n} P_{X_i} \ln P_{X_i}}{\ln n} \tag{4-14}$$

其中，*SE* 为村落街巷系统的空间熵值；*n* 为街网节点总数；P_{X_i} 为节点空间 *i* 在村落整体空间结构中随机出现的概率。

4.4.3　街道空间基因片段表征与解析

4.4.3.1　街网发达度要素基因片段

将街网线密度基因（C1＿1＿SLD）和街网面密度基因（C1＿2＿SPD）量化数据标准化处理后作为 2 个变量进行聚类分析，参考《城市综合交通体系规划标准》GB/T 51328—2018 中城市道路网密度规范要求[149]，可将街网发达度要素划分为 3 个基因片段，线密度基础数据区间为［0，0.017］、（0.017，0.021］、（0.021，0.027］，面密度基础数据区间为［0，0.066］、（0.066，0.085］、（0.085，0.108］，样本量分别为 14、4、2，分别对应"低密型""中密型"和"高密型"三种空间基因表征类型（表 4-12）。

街网发达度要素 K-means 聚类和表征类型之间的差异性分析结果　　　表 4-12

每个聚类中的个案数目			空间基因	聚类		误差		F	显著性
				均方	自由度	均方	自由度		
聚类	1	14.000							
	2	4.000	C1_1_SLD	0.552	2	0.012	17	44.294	0.000
	3	2.000							
有效		20.000	C1_2_SPD	0.552	2	0.012	17	44.294	0.000
缺失		0.000							

街网发达度呈现的是某一村落的街网平均密度水平，既可以描述村落街巷的空间风貌特征，又可以间接反映村落的经济发展和建设水平。"低密型"的街网体系类型单一，主要以区间支路和户间巷路为主，且多与村民日常出行活动轨迹吻合，村落道路建设水平相对落后，交通容量较低。"中密型"的街网体系在平均密度值相同的情况下，呈现出匀质和非匀质两种表征形态，出现能够满足机动车通行的道路，受路幅宽度限制多为人车混行的通行模式。"高密型"的街网体系对应的村落空间肌理相对自由，道路间距较小，自下而上的演化痕迹明显，且已发展出兼具人行和车行的道路（图 4-9）。从各种类型街网发达度要素基因片段对应的样本数量来看，河湟地区传统村落的街网体系发展水平普遍呈现低密型表征。从现场调研发现，河湟地区传统村落中的主要街道均已实现路面硬质化整修，但道路功能和断面形式单一，未实现人车分流。

4.4.3.2　街巷系统要素基因片段

街巷系统要素主要通过对应村落的智能度与空间熵进行基因片段划分，再配合整合度与选择度进行解析。

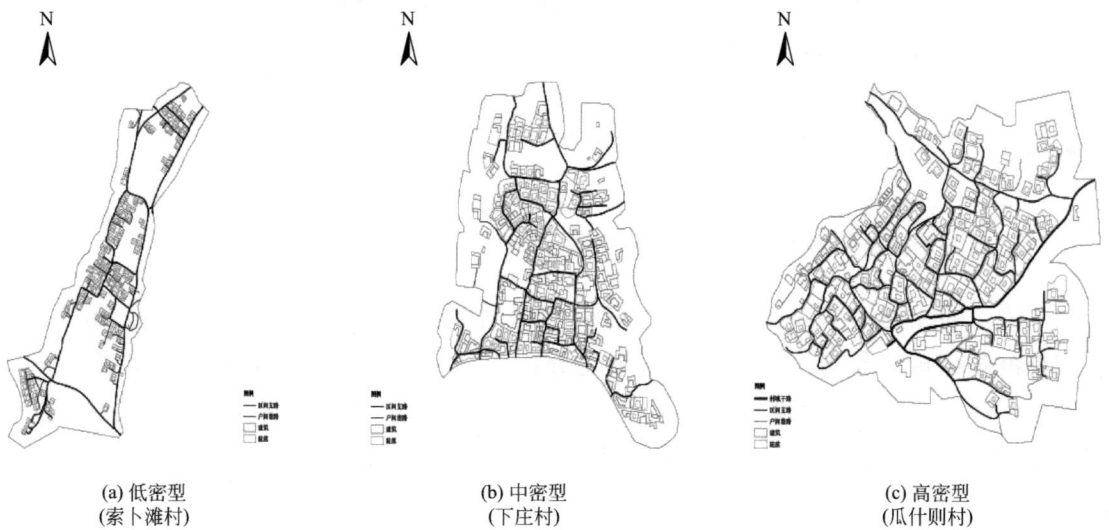

(a) 低密型
(索卜滩村)

(b) 中密型
(下庄村)

(c) 高密型
(瓜什则村)

图 4-9　街网发达度要素的表征类型划分

（1）智能度 R^2 数值在 [0，1] 区间内，当 $0 \leqslant R^2 < 0.5$ 时，表示系统可理解性较差，即村落可达性水平低；当 $0.5 \leqslant R^2 < 0.7$ 时，表示系统可理解性较好，即村落可达性水平中等；当 $0.7 \leqslant R^2 \leqslant 1$ 时，表示系统可理解性很好，即村落可达性水平高。通过对村落智能度基因（C2_3_VOI）的量化界定，其量化数据被划分为 3 个基因片段，全局整合度基础数据区间为 [0，0.747]、(0.747，1.008]、(1.008，1.428]，局部整合度基础数据区间为 [0，1.189]、(1.189，1.419]、(1.419，1.734]，选择度基础数据区间为 [0，162.68]、(162.68，447.01]、(447.01，3103.19]，样本量分别为1、6、13，分别对应"弱可达型""易可达型"和"强可达型"三种空间基因表征类型。"弱可达型"的街巷系统空间结构复杂，通过局部空间结构难以理解整体空间系统，公共空间节点连接的便捷程度不佳，可达性较差。"易可达型"的街巷系统空间结构较为清晰，人们可以通过衡量局部空间结构而对整体空间系统有较明确的理解和辨识，便于作出目的地选择，公共空间节点活力较好。"强可达型"的街巷系统空间结构自明性较好，重要公共节点中心性能很好地融入整体街巷空间系统中，能吸引和聚集更多人气（图 4-10，可扫码观看）。从各种类型基因片段对应的样本数量来看，河湟地区传统村落街巷系统的可达性和可理解性水平普遍呈现"强可达型"表征，街巷系统简单清晰，空间结构自明性好。

（2）空间熵基因（C2_4_SE）量化数据被划分为 4 个基因片段，基础数据区间为 [0，2.2511]、(2.2511，2.6235]、(2.6235，3.0035]、(3.0035，3.3175]，样本量分别为2、10、5、3，分别对应"高秩型""中秩型""低秩型"和"无秩型"四种空间基因表征类型（表 4-13）。

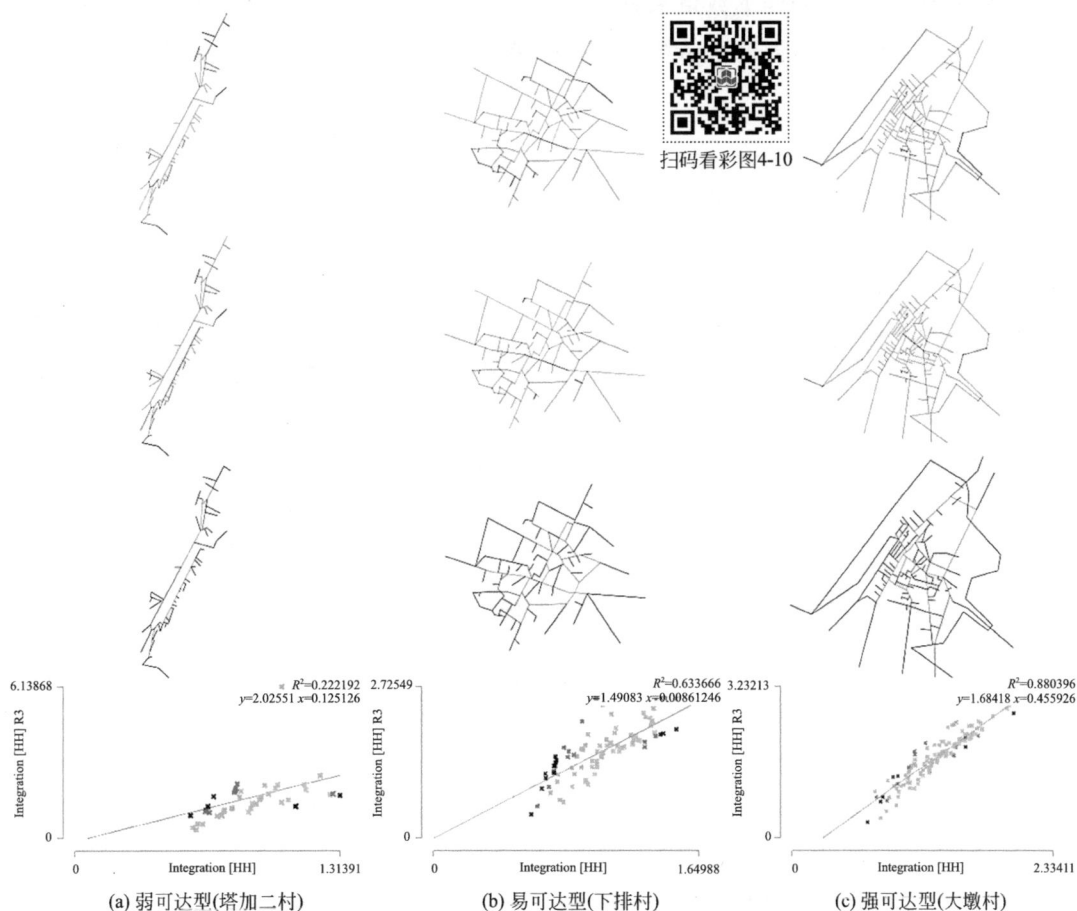

扫码看彩图4-10

图 4-10 街巷系统要素的表征类型划分

（从上往下依次为：全局整合度，局部整合度，选择度，智能度）

"空间熵"表征类型之间的差异性分析结果 表 4-13

空间基因	聚类		误差		F	显著性
	均方	自由度	均方	自由度		
C2_4_SE	0.436	3	0.006	16	76.979	0.000

　　街巷系统的结构化程度可以通过空间熵值量化描述，进而可以反映出村落整体空间结构布局是有序还是无序，空间熵值与村落街巷系统的秩序性呈负相关[150]。"无秩型"街巷系统对应的村落在其演化过程中受到较强的自然地形限制，村落的空间布局"因地制宜"地无序排列，街巷系统也呈现无组织规律特征。"低秩型"街巷系统对应的村落通常分区块布局，各区块空间结构化程度不同，呈现出局部有序、整体无序的空间表征。"中秩型"街巷系统对应的村落与"低秩型"村落刚好相反，表现出"整体有序、局部无序"的空间结构特征。"高秩型"街巷系统对应的村落，自上而下有组织规划痕迹明显，结构化程度较高，街巷系统体系成熟，村落空间布局严谨有序（图 4-11）。从各

种类型基因片段对应的样本数量来看，"中秩型"是河湟地区传统村落街道系统秩序性的普遍水平，体现了河湟地区传统村落在发展过程中应对时代变化与需求差异所留下的空间演化烙印。

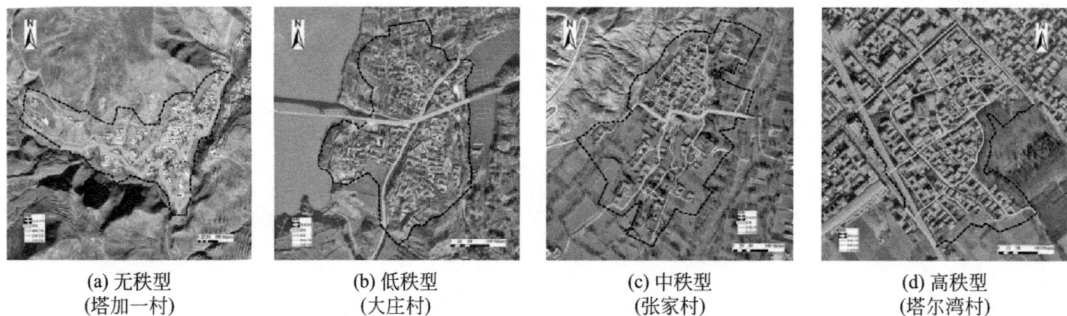

(a) 无秩型	(b) 低秩型	(c) 中秩型	(d) 高秩型
(塔加一村)	(大庄村)	(张家村)	(塔尔湾村)

图 4-11 "空间熵"基因片段的表征类型划分

4.5 建筑空间基因提取与信息挖掘

建筑是村落中最为让人直观感知的实体空间，村落建筑肌理的形成受到村落外在自然环境的制约与内在村民的生活意愿、生产需求、建设水平、精神信仰等因素的综合影响，既是村民适应环境、改造自然等营建智慧的现实呈现，又将村落空间在演变过程中的秩序性与非线性过程隐匿其中。自下而上生长的村落建筑空间表现出明显的地域特色，其肌理构成的差异性又可以形成丰富多样的村落空间风貌特征。村落建筑空间将基于建筑平面空间要素、建筑竖向空间要素和建筑空间秩序要素架构的三维量化体系来进行描述。建筑平面空间要素采用空间占据率和居住空间规模两个基因进行计量；建筑竖向空间要素通过建筑高程和建筑坡度两个基因进行量化表征；建筑空间秩序要素则以方向性序量来表达村落整体建筑空间肌理的形态特征。

4.5.1 建筑平面空间要素

4.5.1.1 空间占据率（D1_1_SOR）

建筑密度是描述一定区域内空间结构疏密程度的常用指标，从直观定义来看，建筑密度越小则建筑间距离越大，空间结构越松散，反之则越紧凑[151]。然而单一的密度值只是一个抽象的量，单纯地表达了建筑总量和基地大小的关系。如前文所述，建筑空间是由建筑实体和院落空间两部分共同构成，从人的感知视角而言，村落空间结构的局促感或空旷感并非全部来自建筑实体距离的远近，而是源于包含在建筑空间内的全部实体围墙或镂空格栅等围合形成的第一层次的空间占据感[61]。因此，本书基于完整的建筑空间（建筑实体和院落空间）占据率（Space Occupancy Rate）来表征河湟地区传统村落建成环境空间疏密程度，见式（4-15）。

$$O = \frac{S_b + S_y}{S_A} \times 100\%$$ (4-15)

其中，O 为村落的建筑空间占据率；S_b 为村落建筑面积之和（m²）；S_y 为村落院落空间面积之和（m²）；S_A 为村落的总面积（m²）。

4.5.1.2 居住空间规模（D1＿2＿RBA）

居住建筑是河湟地区传统村落中最重要的建筑类型，也是各族人民赖以生存和活动的主要空间。相同民族、同一村落的居住建筑空间形式和规模大小往往具有近似性。本研究从村落总平面空间矢量数据库中提取出村落样本的居住建筑斑块并导入 ArcGIS 软件统计出居住建筑斑块的面积数据，将数据列表导入 Excel 软件计算出该村落居住建筑面积的平均值，作为对应村落样本的居住空间规模（Residential Building Area）量化指标。

4.5.2 建筑竖向空间要素

4.5.2.1 建筑高程（D2＿1＿BE）

既有研究中，高程指数往往是基于宏观或中观尺度对一定区域内的村落分布或整体环境特征进行解析[152-153]。本书对于河湟地区传统村落建筑竖向空间要素的研究将从微观层级基于村落现存建筑群每一个建筑点的三维数据进行分析。具体方法为将村落总平面空间矢量数据库中的建筑斑块导入 ArcGIS 软件并提取建筑形心，以建筑形心代表建筑点，然后提取村落样本 DEM 高程值并赋予建筑点，再运用非线性拟合方法得出村落的建筑高程基因（Building Elevation）分布曲线，用以表征建筑基于高程的分布规律，并通过可视化色谱图直观呈现建筑高程的分布情况。

4.5.2.2 建筑坡度（D2＿2＿BS）

坡度同样是影响村落空间格局及发展的重要因素，尤其是地形起伏较大的区域，坡度对该区域村落空间的可达性和垂直方向"三生空间"的演变特征都具有主要影响[154-155]。但就具体村落而言，在相对狭小的地形区间内，建筑群的分布与坡度间是否呈现规律性尚未有研究涉足。前文已在宏观层级就河湟地区传统村落空间格局特征进行了坡度分析，在此，本研究着眼于微观层级的探讨，首先，提取村落样本 DEM 坡度值并赋予建筑点，通过 Excel 软件计算出该村落建筑的平均坡度值，作为对应村落的建筑坡度基因（Building Slope）量化指标并进行分类。然后，运用非线性拟合方法得出村落内的建筑坡度分布曲线以分析建筑基于坡度的分布规律，并通过可视化色谱图直观呈现村落建筑不同坡度的分布情况。

4.5.3 建筑空间秩序要素

对于传统村落的建筑而言，合理的朝向在自然环境层面决定了其获取光、热、水、土等资源的条件，在村民的心理层面呈现了与环境的互动、互扰过程，产生多样性的空间结构特征。首先通过建筑形心提取村落全部建筑的长轴轴线，建筑朝向的一致性可以通过统计空间关联的两个建筑长轴轴线之间形成的夹角进行描述，这也是表征村落形态秩序的一个较为显著的向量[156]。前文中应用空间熵通过街道空间结构反映村落整体空间结构有序还是无序，这里引入方向性序量（Ordinal Value of Directionality）对河湟地区传统村落的建筑空间秩序（D3_OVD）进行解析，见式（4-16）。

$$\overline{A} = \frac{\sum_{i=1}^{n}(\mid a_n - 45 \mid)/45}{n} \tag{4-16}$$

其中，$\overline{A}$ 为村落建筑空间秩序的方向性序量；n 为建筑点连线的角度总数；a 为建筑点连线的角度差，a 的计算方法见式（4-17）。

$$a = \arccos \frac{x_1 y_1 + x_2 y_2}{\sqrt{x_1^2 + y_1^2} \times \sqrt{x_2^2 + y_2^2}} \tag{4-17}$$

其中，x_1，y_1，x_2，y_2 分别表示建筑轴线两端点的坐标。

4.5.4 建筑空间基因片段表征与解析

4.5.4.1 建筑平面空间要素基因片段

（1）空间占据率基因（D1_1_SOR）量化数据被划分为 3 个基因片段，基础数据区间为 [0，24.8%]、(24.8%，35.9%]、(35.9%，52%]，样本量分别为 10、6、4，分别对应"稀疏型""匀质型"和"稠密型"三种空间基因表征类型（表 4-14）。

"空间占据率"表征类型之间的差异性分析结果　　　表 4-14

空间基因	聚类		误差		F	显著性
	均方	自由度	均方	自由度		
D1_1_SOR	0.730	2	0.008	17	88.623	0.000

空间占据率与村落空间结构组织之间关系密切，只有村落建筑达到一定密集程度后才开始形成具有结构化的空间格局体系。"稀疏型"的村落建筑在营建过程中表现

出较强的随机性，在缺乏有效制约和管理下出现较多大规模院落，致使建筑间距较大，形成稀疏的空间肌理。"稠密型"的村落建筑在演化过程中遵循"约定俗成"的规则尺度，并按照相似的生活方式进行建筑实体和院落布局，形成稠密的空间肌理。"匀质型"的村落建筑呈现出多种可能的空间肌理表征，既有整体均匀表征，也有在不同区块既存在稀疏表征，也存在稠密表征的情况，需要结合人工识别方式进行判定（图4-12）。从各种类型基因片段对应的样本数量来看，"稀疏型"是河湟地区传统村落建筑密实程度的主要表征类型。

(a) 稀疏型(索卜滩村)　　　　(b) 匀质型(塔沙坡村)　　　　(c) 稠密型(赞上村)

图4-12 "空间占据率"基因片段的表征类型划分

（2）居住空间规模基因（D1_2_RBA）量化数据被划分为3个基因片段，基础数据区间为 $[0, 280.11m^2]$、$(280.11m^2, 393.5m^2]$、$(393.5m^2, 486.54m^2]$，样本量分别为4、9、7，分别对应"小型民居""标准民居"和"大型民居"三种空间基因表征类型（表4-15）。

"居住空间规模"表征类型之间的差异性分析结果　　　　表 4-15

空间基因	聚类		误差		F	显著性
	均方	自由度	均方	自由度		
D1_2_RBA	0.629	2	0.011	17	56.232	0.000

本书对于每个村落样本的居住空间规模数据以村落的常规规模水平为准，通过实地调研发现，村落中面积不超过 $50m^2$ 的建筑大多为旱厕、储藏、饲养等附属功能用房，不在分析范围中，故在分析过程中清洗剔除。居住空间规模既反映了村落当前的居住建筑面积和民居建设情况，又间接表现了村落的经济发展和整体建设水平。"小型民居"类型的村落，其民居建筑各功能空间集中，多以"一"字形和"L"形为主，且因用地或地形限制以致尺寸较小。"标准民居"类型的村落，民居建筑空间尺度较为适宜，有"L"形、"凹"字形、"回"字形等多种平面布局形式。"大型民居"类型的村落，民居建筑有少量呈现递进式院落组合，大部分平面功能布局和"标准民居"相

同，只是建筑尺度更大。大型民居多为新建民居，户主家庭通常经济水平较高，将相邻院落宅基地合并后翻建或在村落闲置区域择址新建，新建民居追求大气以彰显户主经济实力，其建筑规模往往超过地方平均水平和地方标准要求（图4-13）。从各种类型基因片段对应的样本数量来看，"标准民居"类型的居住空间规模在河湟地区传统村落中最为普遍，即近似 $[280\text{m}^2，390\text{m}^2]$ 的面积区间是河湟地区传统村落民居建筑的主要规模范围。

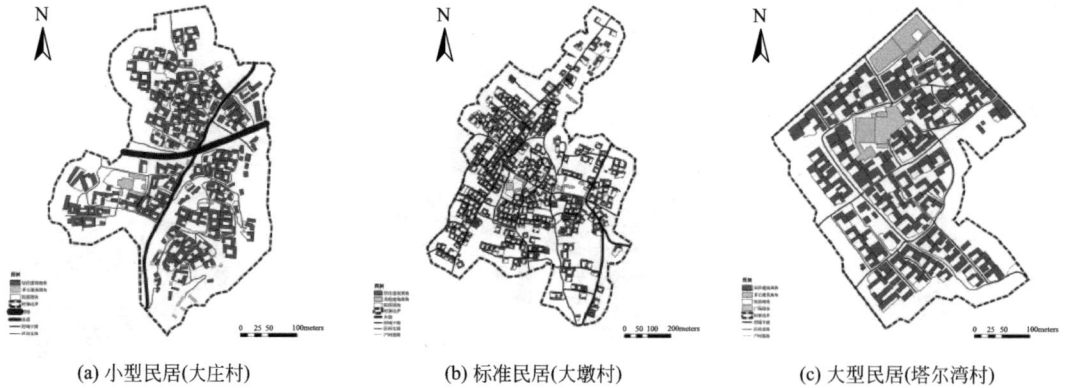

(a) 小型民居(大庄村)　　　(b) 标准民居(大墩村)　　　(c) 大型民居(塔尔湾村)

图 4-13　"居住空间规模"基因片段的表征类型划分

4.5.4.2　建筑竖向空间要素基因片段

（1）通过建筑高程基因（D2_1_BE）可以对村落界域内的建筑分布规律性进行判定和识别。首先，将每个村落样本的建筑高程基因量化数据以5m为单位从低到高进行分段统计，并将统计结果制成柱状图，便于直观地看出建筑数量随高程变化而产生的分布规律。

其次，基于建筑高程基因分段统计数据绘制建筑数量和建筑高程变化关系的散点图，并运用 OriginPro 软件进行高斯非线性拟合分析，利用调整后的拟合优度 R^2 来判定村落内建筑分布与建筑高程间的相关性情况，拟合公式见式（4-18）。

$$y = y_0 + \frac{A\,e^{-2(x-x_c)^2/w^2}}{w\sqrt{\pi/2}} \tag{4-18}$$

拟合优度 R^2 数值在 $[0，1]$ 区间内，当 $0 \leqslant R^2 < 0.5$ 时，表示村落建筑分布与建筑高程间相关性较差，即建筑分布与建筑高程间呈现"无规律"表征；当 $0.5 \leqslant R^2 < 0.75$ 时，表示建筑分布与建筑高程间呈现一般相关；当 $0.75 \leqslant R^2 \leqslant 1$ 时，表示建筑分布与建筑高程间相关性显著。通过拟合优度 R^2 的量化界定可以将建筑高程基因划分为3个基因片段，样本量分别为2、3、15，分别对应"无规律型""弱规律型"和"强规律型"三种空间基因表征类型。"无规律型"的村落在界域内高程变化较小，因此，建筑在竖向分布上通常无须考虑高程影响。"弱规律型"的村落建筑需要结合人工

识别方式进行判定其规律性的客观性和真实性。"强规律型"的村落建筑在营建过程中受高程影响的规律性显著。从各种类型基因片段对应的样本数量来看，河湟地区传统村落建筑竖向分布主要呈现出"强规律型"的建筑高程基因表征类型，可进一步总结其规律特征作为未来村落保护和发展的参考依据。

最后，将建筑高程基因转译为可视化色谱图直观呈现建筑按高程分布情况。转译方法为运用 ArcGIS 软件将建筑点的高程值反向输入建筑斑块，对应分段统计结果由低到高划分等级区间并绘制相应的高程可视化色谱图，高程越高建筑斑块颜色越红，反之则越绿（图 4-14）。

以"塔沙坡村"为例进行建筑高程基因解析。从分段统计结果来看，塔沙坡村建筑的竖向分布没有相对统一的高程分布值，建筑分布的最大相对高差不超过 60m，高

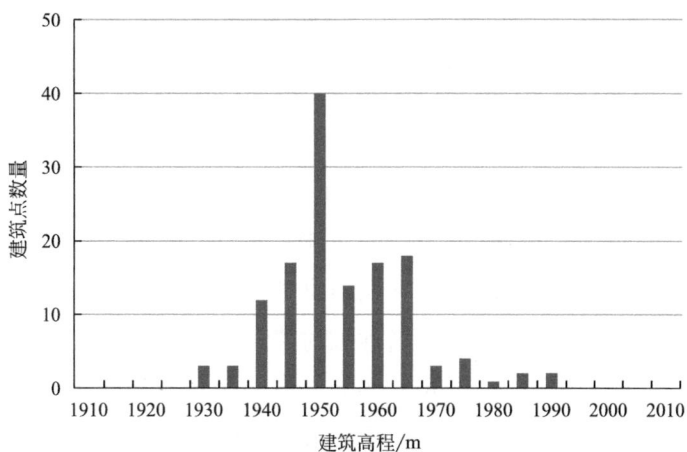

(a) "建筑—高程"分段统计

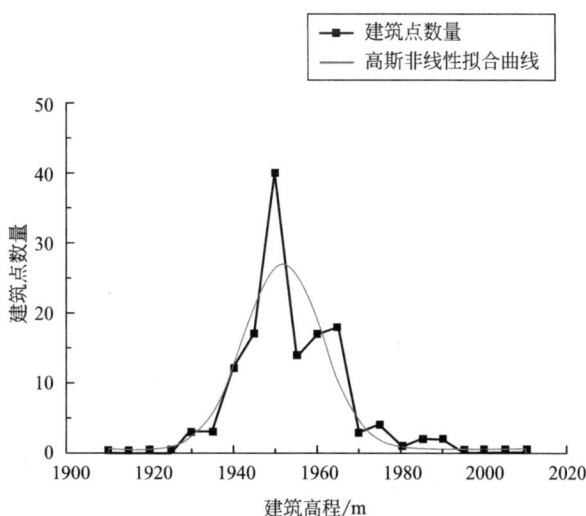

(b) "建筑—高程"高斯非线性拟合

图 4-14　"建筑高程"基因可视化分析（以"塔沙坡村"举例）（一）

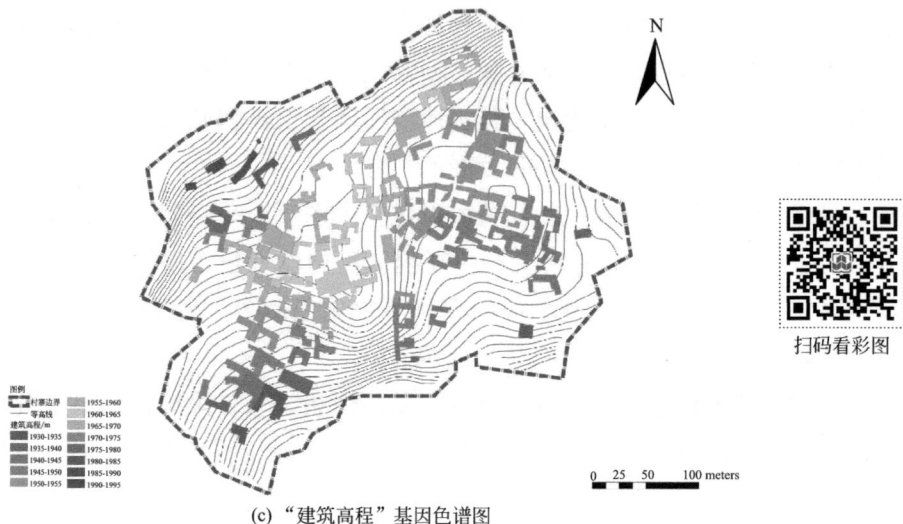

(c) "建筑高程"基因色谱图

图 4-14 "建筑高程"基因可视化分析（以"塔沙坡村"举例）（二）

程 1950m 处分布建筑数量最多，占建筑总量的 29.4%。从高斯非线性拟合分析结果可知，塔沙坡村调整后的拟合优度 R^2 为 0.758，属于"强规律型"表征类型。拟合曲线表现为"中间高，两头低"的倒 U 形曲线，建筑数量从高程 1930m 处开始迅速上升，高程 1950m 附近达至波峰，波峰集中在相对高差 20m 范围内，随后呈迅速下降趋势，在高程 2000m 左右跌至谷地。反映出塔沙坡村建筑分布数量随高程升高呈现出先升后降的变化规律，大部分建筑集中分布在 20m 左右的相对高差范围内。从高程可视化色谱图可以直观看出，塔沙坡村营建在黄河流域的川水台地上，村落建筑竖向上呈现明显的两阶分布，第一阶区域呈现大片绿色，第二阶区域以黄色、橙色为主，高程由东往西逐渐升高，整体高程变化较小。可扫码观看高清图。

（2）建筑坡度基因（D2_2_BS）同样对于村落建筑的竖向分布有重要影响。首先，将坡度量化数据划分为 4 个基因片段，划分依据同前文中村落空间分布的坡度因素分类标准一致，样本量分别为 1、8、10、1，分别对应"平地型""缓斜坡型""斜坡型""中度陡坡型"四种空间基因表征类型。从各种类型基因片段对应的样本数量来看，河湟地区传统村落建筑竖向分布主要呈现出"斜坡型"和"缓斜坡型"的空间基因表征类型。可扫码观看高清图。

其次，将每个村落地形斑块按坡度划分为平地（≤2°）、缓斜坡（2°~6°）、斜坡（6°~15°）、中度陡坡（15°~25°）、陡坡（>25°）5 个区间等级并进行重分类，统计每个村落各坡度区间的建筑数量并将统计结果制成柱状图，便于直观地看出建筑随坡度变化而产生的分布规律。然后，基于建筑坡度基因分段统计结果绘制建筑数量和建筑坡度变化关系的散点图，并运用 OriginPro 软件进行高斯非线性拟合分析，见式（4-18）。

最后，运用 ArcGIS 软件将村落坡度分类地形与建筑斑块叠加在一起，形成坡度可视化色谱图，可以直观呈现建筑按坡度分布情况（图 4-15）。

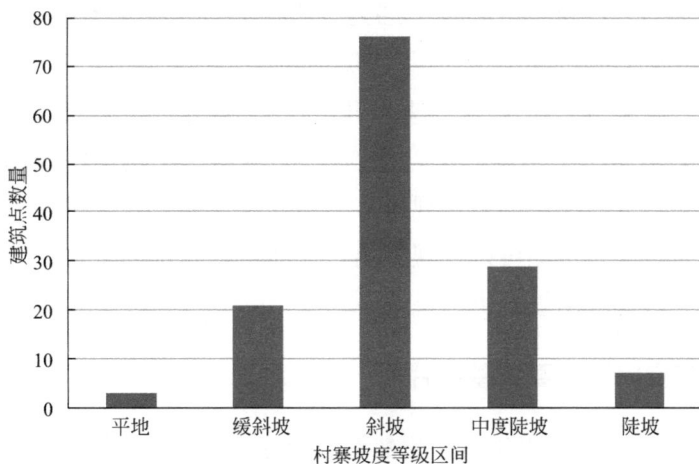

(a)"建筑—坡度"分段统计

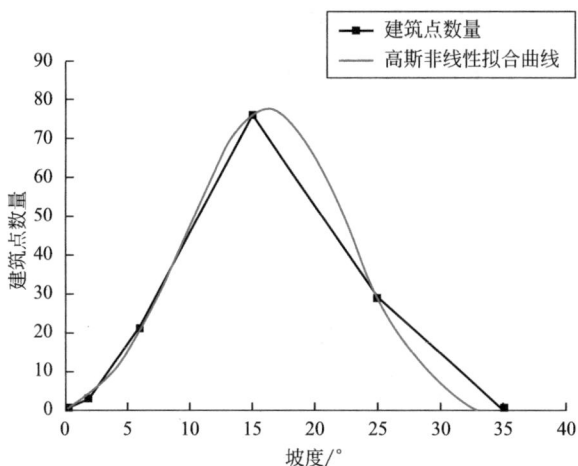

(b)"建筑—坡度"高斯非线性拟合

扫码看彩图

(c)"建筑坡度"基因色谱图

图 4-15　"建筑坡度"基因可视化分析（以"塔沙坡村"举例）

以"塔沙坡村"为例进行建筑坡度基因解析。从分段统计结果来看，塔沙坡村建筑在斜坡地带分布最多，占建筑总量的 55.9%。从高斯非线性拟合分析结果可知，调整后的拟合优度 R^2 为 0.997，拟合度很高。拟合曲线表现为"中间高，两头低"的倒 U 形曲线，建筑数量从坡度 6°处开始迅速上升，到 15°附近达至波峰，波峰集中在相对坡度 5°范围内，随后呈迅速下降趋势，从 35°跌至谷地。反映出塔沙坡村建筑分布数量随坡度升高呈现出先升后降的变化规律，大部分建筑集中分布在 5°左右的相对坡度范围内。从坡度可视化色谱图可以直观看出，塔沙坡村建筑多分布在黄色斜坡和橙色中度陡坡地带，平地和缓斜坡多供给耕地。

4.5.4.3　建筑空间秩序要素基因片段

建筑空间秩序基因（D3_OVD）量化数据被划分为 3 个基因片段，基础数据区间为 [0，0.39]、（0.39，0.57]、（0.57，0.67]，样本量分别为 5、12、3，分别对应"紊乱型""中秩型"和"有序型"三种空间基因表征类型（表 4-16）。

"建筑空间秩序"表征类型之间的差异性分析结果　　　　表 4-16

空间基因	聚类		误差		F	显著性
	均方	自由度	均方	自由度		
D3_OVD	0.746	2	0.012	17	61.074	0.000

建筑空间秩序基因通过村落建筑之间的方向角度差来考察建筑朝向的一致性，计算出其方向性序量反映村落内部空间的整体秩序。"紊乱型"村落的建筑间普遍形成较大的随机角度差，使得村落内部空间结构显得混乱而不规则。"中秩型"村落的建筑多呈现局部区域集中且朝向一致性，这一区域通常是村落的核心区域。在村落的生长演化过程中，其外延区域的建筑朝向相较核心区域逐渐表现出失序状态。"有序型"村落的大部分建筑朝向一致，建筑间角度差较小而趋于平行，村落内部空间秩序感强烈（图 4-16）。从各种类型基因片段对应的样本数量来看，河湟地区传统村落建筑间朝向

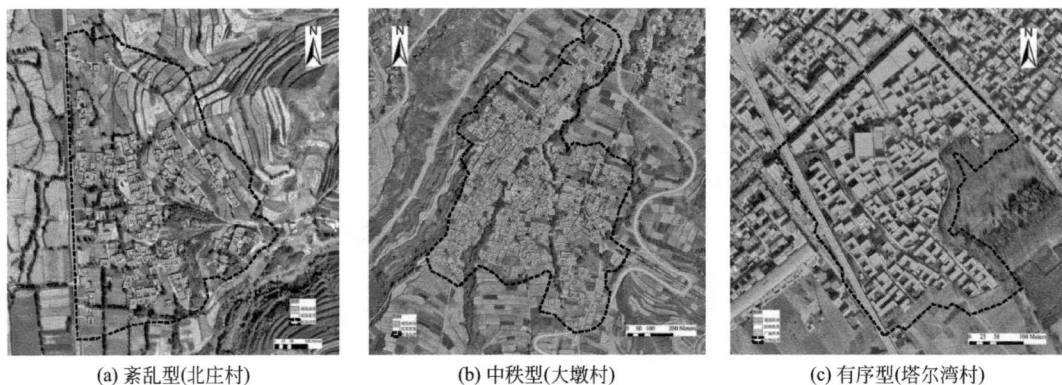

(a) 紊乱型(北庄村)　　　　(b) 中秩型(大墩村)　　　　(c) 有序型(塔尔湾村)

图 4-16　"建筑空间秩序"基因片段的表征类型划分

和内部空间秩序主要呈现出"中秩型"的空间基因表征。

4.6　特色空间基因提取与信息挖掘

每个民族都有自己的特色文化，这些文化通过语言、饮食、服饰、节日、礼仪、婚嫁、禁忌等方方面面呈现出来并在族群中代代传承，构成该民族独一无二的文化体系。村落空间基因是村落空间与自然环境、历史文化长期互动契合与演化的产物，是不同地域特有信息的载体，是不同民族特色文化的实体呈现。村落空间基因的传承不是简单地对空间要素的比例关系、序列结构、拓扑构形的整体复制照搬，更重要的是对特定发展背景下民族特色文脉信息的传播，是"村落空间—自然环境—民族文化"长期互动形成协同的、地域性村落空间发展观念的延续与发展。在此过程中则要将其中具有民族代表特色并形成广泛共识的"空间基因"进行提取，形成"特色—基因"互馈耦合的发展模式。本书选取河湟地区各传统村落空间文脉中的崇拜、亲水与社交三个"典型"特色要素，通过对崇拜基因、亲水基因和社交基因的测度，为较为抽象、模糊的在地性和民族特色性提供具象的、可以科学提取和解析的量化表征。

4.6.1　崇拜要素

河湟地区的少数民族都有本民族的信仰文化，信仰方式包括理念认同、情感体验和行为追求，这三者通过动态的演进，共同构成了信仰方式的完美结构，集中体现了信仰的凝聚力作用[157]。其中"行为追求"需要通过"崇拜空间"来实现，"崇拜空间"按使用人数不同可分为"个人崇拜空间"和"集体崇拜空间"。个人崇拜空间以家庭为单位，在居住空间内单独划分设置或与其他功能房间合置，通常仅供家庭成员使用；集体崇拜空间则是建立在村落中或村落所依附的宗教建筑，全体村民或有共同信仰者均可使用。本书主要探讨河湟地区传统村落的居住建筑与"集体崇拜空间"的空间关系，集体崇拜空间特指各传统村落间不同信仰文化的同等级别的主要宗教建筑，如清真寺、佛教寺院、龙王庙等。宗教建筑是河湟地区各少数传统村落政治和文化的中心，也是各村落最重要的特色空间的呈现。宗教建筑具有磁铁般的吸引力，对村落的整体空间布局有着密切影响，将村落居住建筑与宗教建筑间的欧氏距离（Worship Distance）作为"崇拜基因"（E1 _ WD）进行研究和对比可以反映各传统村落宗教建筑的吸引力大小及各民族信仰文化的差异性。具体方法为通过 ArcGIS 软件提取各村落样本宗教建筑的形心，获取所有居住建筑点与宗教建筑点的欧氏距离长度并将结果通过可视化色谱图呈现；将数据导入 Excel，计算出该村落居住建筑点与宗教建筑点间欧式距离的平均值，作为对应村落崇拜基因的量化指标，并通过 OriginPro 软件作出崇拜基因箱线图，以其上四分位值来描述各村落宗教建筑的吸引力水平。

4.6.2　亲水要素

水乃生命之源，万物因水而生，人类择水而居。人类在与水的相互作用中，不但创造了物质、精神财富，更以水为载体结合民族信仰形成了各自独特的水文化，如青藏高原的藏族会将某些重要水源视为圣水圣泉加以膜拜，黄河流域的民族则将黄河视为母亲河[158]。水系空间与村落空间构成了"水系—人居—水文化—教化"的逻辑关系，人类在依水为生的同时，也按照各民族水文化的信仰观来反映与水系空间的亲密程度。前文从宏观层级以三级及以上主要河流作为参照水系，分析了主要水系对传统村落空间分布的影响，这里将村落居住建筑与邻村自然水系的欧氏距离（Water-friendly Distance）定义为"亲水基因"（E2＿WFD），从微观层级反映村落空间与水系空间之间呈现的亲水或畏水的表征，参照水系包括邻村的六级及以上所有自然河流。使用 ArcGIS 软件获取居住建筑点与邻村自然水系的欧式距离，并将结果通过可视化色谱图呈现，再以"亲水基因"值作出非线性拟合分布曲线来表征各村落空间与水系空间的亲密程度。需要说明的是，此部分研究中根据河流与村落的相对位置将河流抽象为线斑块表示，其中河流在村落一侧则提取河流邻村边界表示河流斑块，若河流穿村而过则提取河流中线代表河流斑块；所有村落样本中仅洪水泉村无邻村自然河流，但村中有赖以得名的重要水源洪水泉，此样本提取洪水泉形心点位作为参照水系点位进行分析。

4.6.3　社交要素

人与人之间所保持的社交空间距离直接反映着彼此相互接纳的水平，空间距离的远近与情感的接纳水平成正比关系[159]。社交空间包含一定形式的物理空间和空间内人们的交往行为这两方面因素[160]。受到不同信仰文化指导的少数民族其社交距离具有较大差异，并呈现出民族共性特征。社交距离包括物理距离、心理距离和受偏见程度 3 种不同类型[161]。心理距离呈现的则是村民主观上与他人交往的意愿及难易程度，这往往取决于村民个人的主观意识且难以测度；受偏见程度通常是制约迁居人员融入原居民的最大挑战和主要障碍，这两种距离在本研究中不涉及。物理距离从客观层面描述了个体建筑空间之间的物理距离远近，该距离对于交往密切程度的影响最为直接且可以度量。王昀也认为，在确定的用地范围内，人们根据"身体像"

的作用确定自己的位置，这时人与人之间的社交距离决定了个体间的支配领域，在互相平衡的基础上以居住面积的形式表现出来，最终转换为住居建筑之间的空间关系[41]。因此，本书尝试提取村落样本中居住建筑空间最邻近距离作为"社交基因"（E3_SD），以此衡量河湟地区传统村落各民族个体间交往密切程度。通过 ArcGIS 软件计算各村落样本居住建筑间的最邻近距离，并将结果通过可视化色谱图呈现，通过居住建筑间的最邻近距离作出非线性拟合分布曲线来描述各村落社交空间的密切程度。

4.6.4　特色空间基因片段表征与解析

4.6.4.1　崇拜要素基因片段

以 100m 为单位划分等级区间，基于村落居住建筑点和宗教建筑点的最短连线结果可得到崇拜基因可视化色谱图。距离越远颜色越红，反之则越绿，由此可直观呈现出村落中宗教建筑的吸引力水平及居住建筑与崇拜空间远近分布。

宗教建筑作为河湟地区各少数传统村落政治和文化的中心，不仅对村落的整体空间布局有着密切影响，而且与村民生活行为模式和信仰功修的完成密切相关。以村民的时空行为视角出发构建"15 分钟步行＋非机动车"基础生活圈[162]，换算成步行服务半径约为 750m。由此可将崇拜基因（E1_WD）量化数据划分为 2 个基因片段，样本量分别为 15 和 5，分别对应"近功修"和"远功修"两种空间基因表征类型。从崇拜基因各种类型基因片段对应的样本数量来看，河湟地区传统村落居住建筑距离崇拜空间主要呈现"近功修"的空间基因表征。

将每个村落样本的崇拜基因量化数据以 100m 为单位由近至远进行分段统计，并将统计结果制成柱状图，便于直观地看出宗教建筑对居住建筑布局的影响。基于每个村落崇拜基因量化数据运用 OriginPro 软件绘制崇拜基因箱线图，以上四分位值表征各村落宗教建筑的影响范围半径。

以"塔沙坡村"为例进行崇拜要素基因解析（图 4-17）。从崇拜基因色谱图可以直观看出（可扫码观看），塔沙坡村的居住建筑以清真寺为中心向外呈现颜色由绿转红的分布规律，相较而言，清真寺以西的居住建筑比清真寺以东的居住建筑崇拜距离更短。通过前文分析可知，塔沙坡村建筑竖向上呈东西两阶分布，清真寺正好处于两阶交界处，但以高程而言属于西阶范围，故居住在西阶的村民去往清真寺更加便捷。从分段统计结果来看，以清真寺为中心在半径 100m、200m、300m 辐射范围内的建筑数量分别为 34、53、30，200m 辐射半径内建筑数量占建筑总量的 74.4%。从箱线图分析结果可知，崇拜基因的下四分位值为 94.31m，上四分位值为 201.27m，IQR 范围为

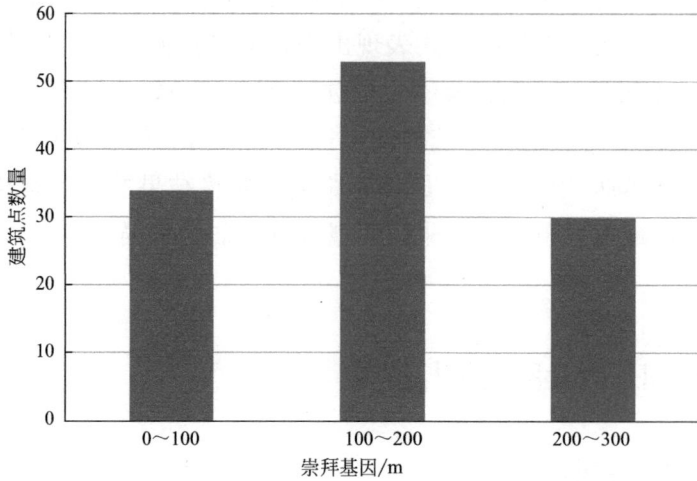

(a) "崇拜基因"分段统计

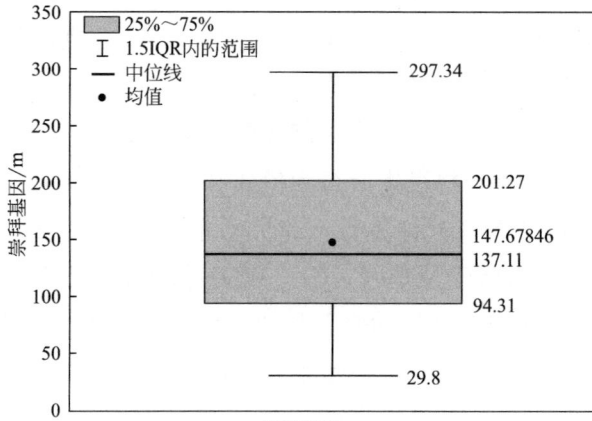

(b) "崇拜基因"距离箱线图

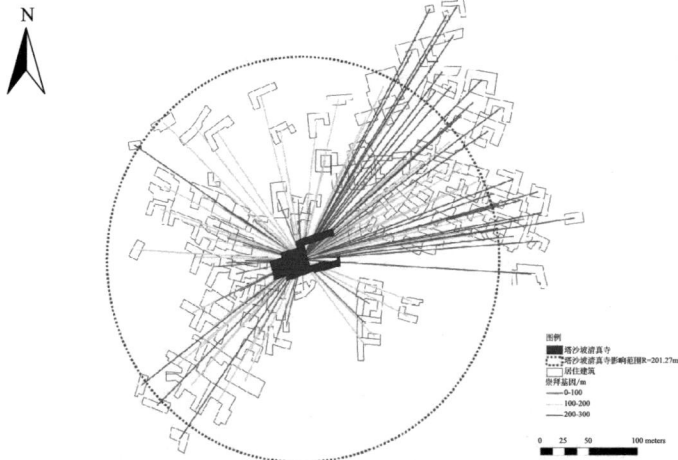

扫码看彩图

(c) "崇拜基因"色谱图

图 4-17 崇拜要素可视化分析(以"塔沙坡村"举例)

106.96m，中位数值为 137.11m，均值为 147.68m，塔沙坡村宗教建筑的影响范围半径为 201.27m。

4.6.4.2　亲水要素基因片段

基于村落居住建筑点和河流斑块的最短连线结果，可得到亲水基因可视化色谱图。根据亲水基因距离设置不同的等级区间划分方式，亲水基因在［0，300m］区间内以 20m 为单位划分等级区间；亲水基因在（300m，500m］区间内以 50m 为单位划分等级区间；亲水基因在（500m，+∞）区间内以 100m 为单位划分等级区间。连线越长颜色越红，反之则越绿，由此可直观地观察出各村落空间与水系空间的亲密程度。

亲水基因（E2_WFD）量化数据被划分为 2 个基因片段，样本量分别为 10 和 10，分别对应"亲水型"和"疏水型"两种空间基因表征类型（表 4-17）。

"亲水基因"表征类型之间的差异性分析结果　　　　　表 4-17

空间基因	聚类		误差		F	显著性
	均方	自由度	均方	自由度		
E2_WFD	1.889	1	0.022	18	85.634	0.000

亲水性是各传统村落选址布局中的一大重要影响因素。村民依水而生，同时又从不同程度上表现出敬水畏水。从各种类型基因片段对应的样本数量来看，河湟地区传统村落两种亲水基因表征类型各占一半，且肘部法则 K 值拐点处对应传统村落与河流距离为 512.18m，即亲水表征近似为［0，500m］区间范围，疏水表征为（500m，+∞）区间范围，这与史宜等人的研究结果一致[163]。

将每个村落样本的亲水基因量化数据由近至远进行分段统计并绘制柱状图，分段单位与色谱图等级划分方式一致，便于直观地看出村落建筑随着河流距离间变化而产生的分布规律。进而基于亲水基因分段统计数据绘制建筑数量与亲水距离关系的散点图，并运用 OriginPro 软件进行高斯非线性拟合分析，见式（4-18）。

以"塔沙坡村"为例进行亲水基因解析（图 4-18）。从亲水基因色谱图可以直观看出（可扫码观看），塔沙坡村居住建筑与河流距离由东向西呈现颜色由绿转红的分布规律。通过前文分析可知，塔沙坡村建筑竖向上呈东西两阶分布，而河流在村落东侧，故东阶区域的建筑更近水。从分段统计结果来看，亲水基因超过 500m 的建筑数量占建筑总量的 72.6%，村落建筑总体呈现疏水分布表征。从高斯非线性拟合分析结果可知，调整后的拟合优度 R^2 为 0.597，拟合度不高。拟合曲线表现为"中间高，两头低"的倒 U 形曲线，波峰较缓没有统一的规律。

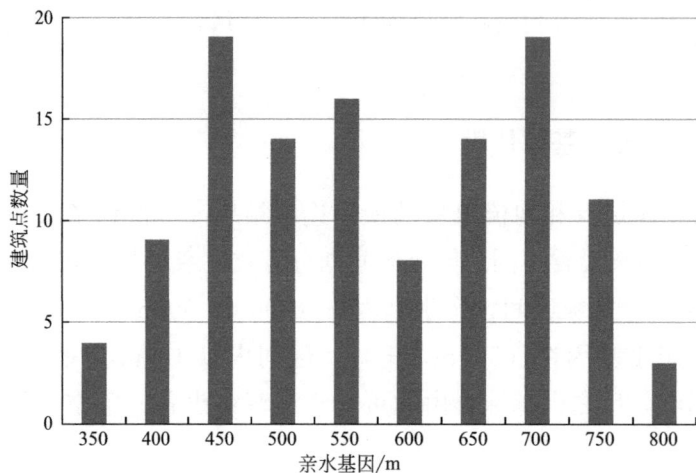

(a) "亲水基因"分段统计

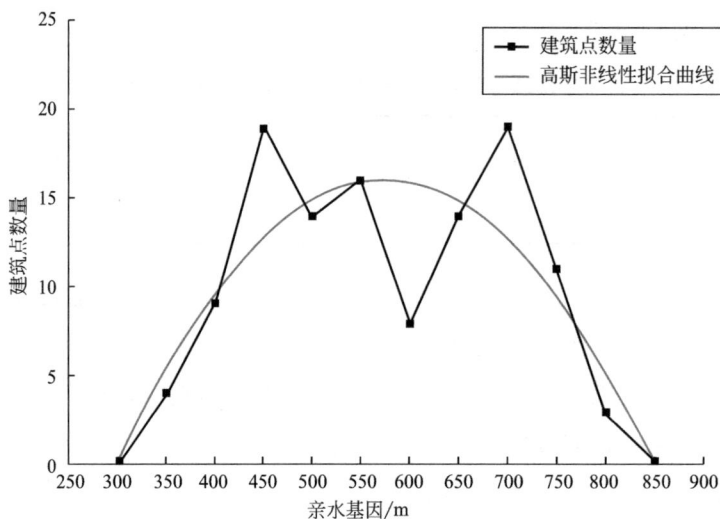

(b) "亲水基因"高斯非线性拟合

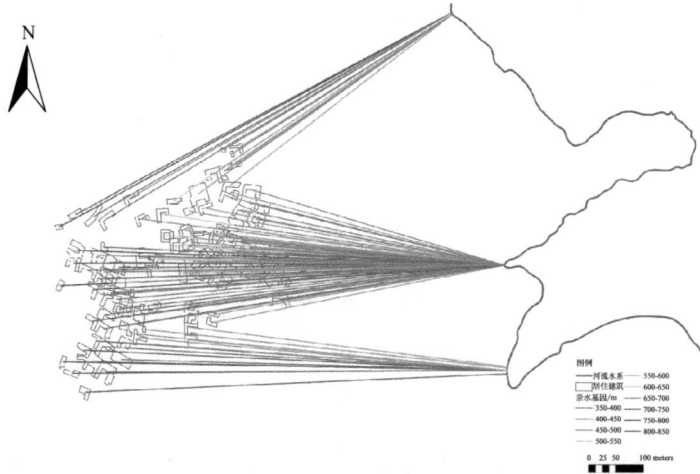

扫码看彩图

(c) "亲水基因"色谱图

图 4-18 亲水要素可视化分析(以"塔沙坡村"举例)

4.6.4.3 社交要素基因片段

通过对村落居住建筑间的最邻近距离连线结果得到社交基因可视化色谱图。居住建筑间的最邻近距离以 5m 为单位进行等级区间划分，连线越长颜色越红，反之则越绿，由此可直观观察出各传统村落个体间交往强弱的分布状况。

社交基因（E3_SD）量化数据被划分为 3 个基因片段，基础数据区间为 [0, 21.33m]、(21.33m，27.41m]、(27.41m，32.02m]，样本量分别为 3、15、2，分别对应"亲密型""含蓄型"和"疏远型"三种空间基因表征类型。距离可以在不同的社交场合中用来调节相互关系的强度。"亲密型"的村落一方面源于用地较为局促，为适应环境，村落内建筑间布局较为紧凑。另一方面则是受族源或血缘关系影响至深，以族源宗法和血缘关系为纽带维系联结，房屋多采用联排方式，形成典型的"族源村落"或"血缘村落"。"含蓄型"的村落通常由"族源村落"或"血缘村落"演进形成，即村落在演化发展过程中随着生产方式、生产关系的改变，村落的空间结构也从"族源关系""血缘关系"逐步向"地缘关系"转化；"疏远型"村落多受用地限制，占地虽广但地形地貌复杂，村落营建因地制宜，布局较为自由多变，注重人与自然的和谐共生，虽表观形态显得松散无序，但实际上村民个体间以信仰、血缘关系维系，形散神不散。从社交基因各种类型基因片段对应的样本数量来看，河湟地区传统村落个体间交往主要呈现"含蓄型"的空间基因表征（表 4-18）。

"社交基因"表征类型之间的差异性分析结果

表 4-18

空间基因	聚类		误差		F	显著性
	均方	自由度	均方	自由度		
E3_SD	0.345	2	0.016	17	22.170	0.000

将每个村落样本的社交基因量化数据以 5m 为单位由近至远进行分段统计，并将统计结果制成柱状图，便于直观地看出村落社交距离的变化对居住建筑布局的影响。进而基于社交基因分段统计数据绘制建筑数量和与社交距离关系的散点图，并运用 OriginPro 软件进行高斯非线性拟合分析，见式（4-18）。

以"塔沙坡村"为例进行社交基因解析（图 4-19）。从社交基因色谱图可以直观看出（可扫码观看），塔沙坡村社交基因呈现大片绿色，仅村落最外沿有零星黄色和红色线段，表现出较高的社交强度。从分段统计结果来看，社交基因在 20m 范围内的建筑数量占建筑总量的 78.6%，建筑整体布局聚集性较强。从高斯非线性拟合分析结果可知，调整后的拟合优度 R^2 高达 0.923，拟合曲线从 5m 处开始迅速爬升，到 15m 左右达至波峰，随后断崖式下降，在 25m 左右跌至波谷，反映出塔沙坡村建筑布局随社交基因变化的分布规律。

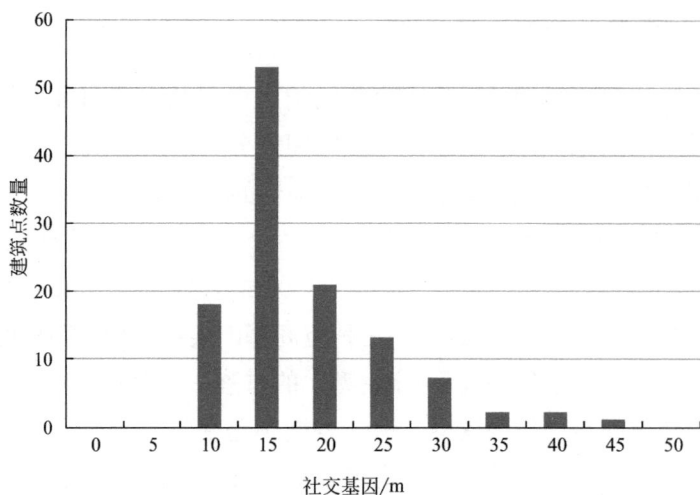

(a) "社交基因"分段统计

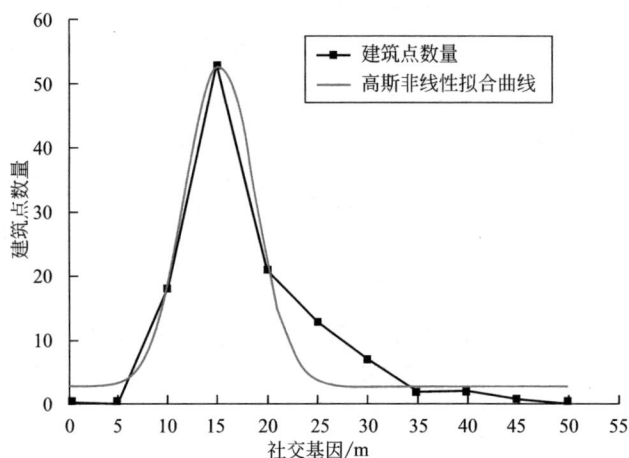

(b) "社交基因"高斯非线性拟合

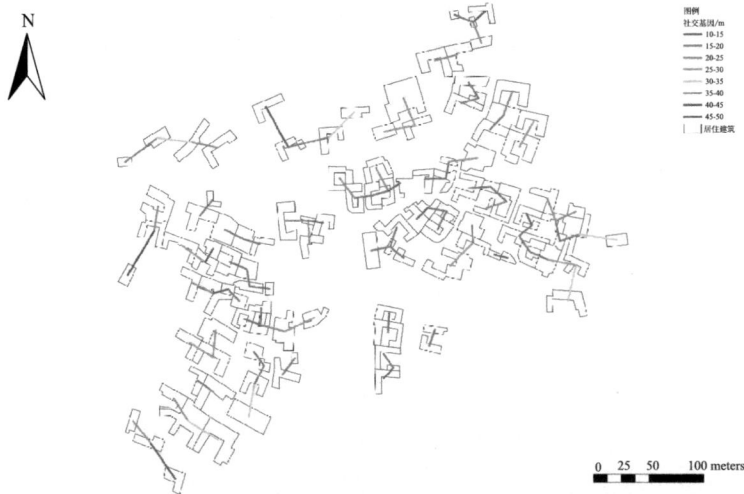

扫码看彩图

(c) "社交基因"色谱图

图 4-19　社交要素可视化分析（以"塔沙坡村"举例）

4.7 河湟地区传统村落空间基因信息数据库构建

4.7.1 信息数据库的构建

根据各类文献资源、网络资料及实地调研，对传统村落样本基础属性数据进行梳理，借助 LocaSpace Viewer 进行坐标定位，确定目标村落的属性信息和空间地理信息。结合前文已得出的村落样本空间基因基础数据和空间形态表征信息将其录入 Excel 中，并进行数据处理、归纳与分类，分别形成河湟地区传统村落空间地理环境信息数据源（表 4-19）、河湟地区传统村落空间基因基础数据源（表 4-20）和河湟地区传统村落空间形态信息表征数据源（表 4-21）。

将所有传统村落样本的空间基因信息数据源关联至 ArcGIS 地理信息系统平台中，构建全样本的河湟地区传统村落空间基因信息数据库，可实现对河湟地区传统村落空间基因信息的存储、读取、调用、分析、修正及可视化表达，同时也为后续研究奠定基础（图 4-20）。

4.7.2 信息数据库的组成

利用 ArcGIS 地理信息系统平台构建河湟地区传统村落空间基因信息数据库，主要包含河湟地区传统村落空间地理环境信息库、河湟地区传统村落空间基因基础数据库和河湟地区传统村落空间形态信息表征库三个子库。在此基础上进行基因叠加分析，可生成各类空间基因信息专题库及分析图。

（1）空间地理环境信息库

空间地理环境信息库由传统村落样本的属性数据与环境信息构成，内容包括村落的区划归属、地理坐标、自然环境等信息数据。

（2）空间基因基础数据库

空间基因基础数据库由传统村落样本的空间基因量算数据构成，内容包括村落的空间基因、基因编码与基因量化数据三个部分。

（3）空间形态信息表征库

空间形态信息表征库由传统村落样本的空间形态要素表征类型构成，包括空间维度、空间形态要素、空间基因、基因编码与空间基因片段表征类型五个部分内容。

（4）空间基因信息专题库及分析图

结合河湟地区独特的地域属性和多元的民族属性生成的各类空间基因信息专题库，主要包括针对不同民族属性划分的民族属性专题库，不同流域对比的河湟流域专

表4-19

河湟地区传统村落空间地理环境信息数据源（部分）

村寨编号 OID	村寨名称 Name	民族属性 Minority	语言 language	建村年代 Age	所属流域 Basin	地形类型 Landform	经度 Longitude	纬度 Latitude	村寨面积(m²) Area	村寨周长(m) Length	海拔范围(m) Altitude Range	坡向 Slope Aspect	地形起伏度(m) Relief Degree of Land Surface	地表粗糙度 Surface Roughness
Z1	瓜什则村	藏族	藏语	清代	黄河流域	脑山地区	101°57'21.597"E	35°23'26.889"N	296080.05	2823.41	2658~2766	半背阴斜坡	62.7	1.026167
Z2	尖巴昂村	藏族	藏语	元前	黄河流域	川水地区	102°2'20.308"E	35°53'23.670"N	242660.21	2484.63	2045~2091	背阴斜坡	29	1.005812
Z3	塔加一村	藏族	藏语	元前	黄河流域	脑山地区	102°38'8.641"E	35°59'8.774"N	427662.27	4077.11	2635~2781	向阳斜坡	110.43	1.06926
Z4	塔加二村	藏族	藏语	元前	黄河流域	脑山地区	102°38'35.958"E	35°59'29.913"N	415790.38	5276.67	2682~2762	半背阴斜坡	44.87	1.019268
Z5	下排村	藏族	藏语	明代	黄河流域	川水地区	101°22'55.311"E	36°1'57.772"N	692836.14	4626.11	2175~2196	背阴斜坡	11.22	1.001253
Z6	扎毛村	藏族	藏语	明前	黄河流域	脑山地区	101°53'1.198"E	35°20'53.315"N	354428.57	3185.8	2819~2875	背阴斜坡	45.75	1.009388
Z7	支哈加村	藏族	藏语	明前	黄河流域	浅山地区	102°30'22.969"E	36°3'15.143"N	484240.77	4681.94	2610~2726	半向阳斜坡	65.24	1.023721
H1	洪水泉村	回族	汉语	明代	湟水流域	脑山地区	101°54'23.967"E	36°28'40.831"N	993996.91	9985.13	2727~2802	向阳斜坡	43.39	1.012101
H2	塔尔落村	回族	汉语	民国	湟水流域	浅山地区	101°38'31.722"E	36°59'46.800"N	226918.25	2310.65	2458~2467	背阴斜坡	8.7	1000938
T1	北庄村	土族	土族语	明代	湟水流域	浅山地区	102°8'6.025"E	36°42'2.643"N	566951.69	3274.75	2499~2554	向阳斜坡	37.53	1.007274
T2	索卜滩村	土族	土族语	明前	湟水流域	浅山地区	102°4'33.911"E	36°45'33.933"N	602221.4	4477.33	2543~2583	半向阳斜坡	23.74	1.004912
T3	哇耶村	土族	土族语	明前	湟水流域	脑山地区	102°7'45.052"E	36°49'35.028"N	975569.62	6286.06	2723~2814	向阳斜坡	43.85	1.009094
T4	张家村	土族	土族语	清代	湟水流域	浅山地区	102°6'9.971"E	36°38'52.908"N	256916.71	2808.09	2395~2351	半背阴斜坡	40.86	1.010754
S1	阿河滩村	撒拉族	撒拉语	明前	黄河流域	川水地区	102°20'29.608"E	35°53'5.606"N	454753.4	3502.38	1875~1900	半向阳斜坡	14.98	1.001467
S2	大庄村	撒拉族	撒拉语	明代	黄河流域	川水地区	102°38'25.230"E	35°49'59.141"N	202960.7	2192.97	1799~1869	背阴斜坡	52.78	1.01861
S3	塔沙坡村	撒拉族	撒拉语	明代	黄河流域	川水地区	102°41'34.355"E	35°49'52.282"N	189960.76	2038.74	1914~2009	半背阴斜坡	86.31	1.042629
S4	下庄村	撒拉族	撒拉语	明代	黄河流域	川水地区	102°33'23.163"E	35°50'25.934"N	280314.92	3040.07	1817~1851	背阴斜坡	29.85	1.00992
S5	赞上村	撒拉族	撒拉语	元前	黄河流域	川水地区	102°14'30.268"E	35°52'26.466"N	439523.15	3545.69	1892~1918	半背阴斜坡	16.3	1.001734
B1	大墩村	保安族	保安语	清代	黄河流域	川水地区	102°44'1.211"E	35°48'35.769"N	954926.9	5825.86	1874~1973	半向阳斜坡	36.97	1.007085
B2	甘河滩村	保安族	保安语	清代	黄河流域	川水地区	102°45'43.118"E	35°48'12.576"N	1418568.19	6879	1897~1998	背阴斜坡	33.12	1.004222

河湟地区传统村落空间基因基础数据源（部分）

表4-20

村寨编号 OID	民族属性 Minority	村寨名称 Name	长宽比 A1_1_LWR	规则度 A2_1_AWMSI	孔隙率(%) B1_1_P	院落规模(m²) B2_1_CYA	街网密度 C1_2_SPD	智能度 C2_3_VOI	空间熵 C2_4_SE	居住空间规模(m²) D1_2_RBA	建筑面积(m²) D2_1_BE	崇祖基因(m) E1_WD	亲水基因(m) E2_WFD	社交基因(m) E3_SD
1	藏族	瓜什则村	1.13	1.6697	63.5	191.03	0.108	0.822101	2.56557	381.79	2707.4	258.96	356.39	22.47
2	藏族	尖巴昂村	1.78	1.6301	81.1	262.89	0.066	0.794133	2.79326	277.89	2068.1	4899.79	150.95	24.70
3	藏族	塔加一村	1.28	1.9673	83.3	108.14	0.080	0.631037	3.31666	458.46	2719.5	1271.15	123.68	27.41
4	藏族	塔加二村	4.06	2.5854	84.5	135.01	0.061	0.222192	2.82609	448.84	2723.7	2113.98	74.76	32.02
5	藏族	下排村	1.06	1.7431	76.6	253.67	0.054	0.633666	2.88785	407.41	2186	943.24	689.37	26.56
6	藏族	扎毛村	1.71	1.7708	66.4	332.32	0.069	0.876783	2.41021	413.55	2844.9	1008.36	297.49	27.34
7	藏族	支哈加村	2.76	2.0287	81.4	325.34	0.064	0.68	2.61997	393.50	2661.3	385.90	512.18	30.03
8	回族	洪水泉村	2.84	3.1532	78.5	529.6	0.054	0.576154	3.31746	271.67	2769.1	372.88	783.23	27.10
9	回族	塔尔湾村	1.16	1.6458	48.1	349.63	0.085	0.919866	2.08717	450.09	2463.6	197.96	1005.33	22.46
10	土族	北庄村	1.45	1.2863	82.7	259.59	0.066	0.8151	2.53868	320.64	2525.3	257.67	875.67	25.44
11	土族	索卜滩村	2.51	1.8377	84.9	243.52	0.053	0.917133	2.25109	364.52	2560	400.89	437.32	24.24
12	土族	唯麻村	1.67	1.9854	82.3	251.76	0.055	0.746013	3.00352	336.61	2762.9	646.48	773.96	24.83
13	土族	张家村	0.59	1.8179	79.6	237.21	0.063	0.852239	2.54481	312.68	2371.1	170.22	263.86	24.91
14	撒拉族	阿河滩村	1.24	1.5833	70.1	499.36	0.055	0.911045	2.36273	439.35	1885.8	224.14	924.27	27.38
15	撒拉族	大庄村	1.06	1.5033	65.7	149.88	0.094	0.647586	2.96656	224.06	1828.1	208.43	132.6	16.73
16	撒拉族	塔沙坡村	1.32	1.4786	70.1	216.6	0.062	0.748454	2.487	280.11	1958	147.68	602.97	20.55
17	撒拉族	下庄村	1.02	1.7377	61.8	202.83	0.068	0.893713	2.59269	352.36	1833.8	227.31	297.84	21.33
18	撒拉族	贺上村	2.20	1.7344	60.7	325.82	0.064	0.728037	2.49314	486.54	1904.3	323.52	957.2	23.47
19	保安族	大墩村	1.56	1.9517	65.2	379.01	0.065	0.880396	2.62345	360.72	1920.4	341.22	784.76	22.33
20	保安族	甘河滩村	1.76	1.7904	68.0	553.97	0.055	0.67861	3.12592	318.91	1938.7	476.24	970.73	24.25

表 4-21

河湟地区传统村落空间形态信息表征数据源

村落编号 OID	民族属性 Minority	村落名称 Name	形态空间				公共空间				街道空间							建筑空间					特色空间		
			形状		规则度	复杂度	开放空间		院落空间		街网发达度		街道系统					平面空间		建筑空间	竖向空间	空间秩序	崇拜	亲水	社文
			长宽比	形状偏离度	规则度	复杂度	孔隙率	散碎度	院落规模	空间率	街网线密度	街网面密度	全局整合度	局部整合度 整合度	选择度	智能度	空间率	空间占据率	居住空间间域值	建筑密度	建筑坡度	建筑空间间隙序	崇拜	亲水基因	社文基因
			A1_1_LWR	A1_2_PSI	A2_1_AWMDSI	A2_2_AWMPFD	B1_1_P	B1_2_OSFD	B2_1_CYA	B2_2_SR	C1_1_SLD	C1_2_SPD	C2_1_DOI_l	C2_1_DOI_b	C2_2_DOC	C2_3_VOI	C2_4_SE	D1_1_SQR	D1_2_RBA	D2_1_BE	D2_2_BS	D3_OVD	E1_WD	E2_WD	E3_SD
1	藏族	瓜什则村	团状		混合偏离型		中规模型	自由型	标准院落	中利用率型	高密度			强可达型			中秩序型	稠密型	标准民居	弱规模型	斜缓型	中秩型	近动修建型	亲水型	含蓄型
2	藏族	尖巴昂村	带团状		混合偏离型		大规模型	规则型	标准院落	中利用率型	低密度			弱可达型			低秩序型	稀疏型	小型民居	强规模型	缓斜坡型	中秩型	近动修建型	亲水型	含蓄型
3	藏族	塔加一村	团团状		混合偏离型		大规模型	规则型	小型院落	超低利用率型	中密度			易可达型			无秩序型	稀疏型	大型民居	弱规模型	中度缓斜型	中秩型	近动修建型	亲水型	含蓄型
4	藏族	塔加二村	带状		复杂自由型		大规模型	规则型	小型院落	超低利用率型	低密度			弱可达型			低秩序型	稀疏型	大型民居	强规模型	斜缓型	中秩型	近动修建型	亲水型	藏远型
5	藏族	下排村	团状		混合偏离型		中大规模型	混合型	标准院落	低利用率型	低密度			易可达型			低秩序型	稀疏型	大型民居	强规模型	缓斜坡型	中秩型	近动修建型	藏水型	含蓄型
6	藏族	扎毛村	带团状		混合偏离型		中规模型	混合型	大型院落	高利用率型	中密度			强可达型			中秩序型	勾疏型	大型民居	强规模型	斜缓型	中秩型	近动修建型	亲水型	含蓄型
7	藏族	支哈加村	带状		复杂自由型		大规模型	规则型	大型院落	高利用率型	低密度			易可达型			中秩序型	稀疏型	标准民居	强规模型	斜缓型	中秩型	近动修建型	亲水型	含蓄型
8	回族	洪水泉村	带指状		复杂自由型		大规模型	混合型	超大院落	低利用率型	低密度			易可达型			无秩序型	稀疏型	小型民居	强规模型	斜缓型	有序型	近动修建型	藏水型	含蓄型
9	回族	北庄村	团状		简单规则型		小规模型	自由型	大型院落	中利用率型	中密度			弱可达型			高秩序型	稠密型	大型民居	无规模型	平地型	有序型	近动修建型	亲水型	含蓄型
10	土族	索卜滩村	带状		简单规则型		中规模型	规则型	标准院落	低利用率型	低密度			弱可达型			中秩序型	稀疏型	标准民居	强规模型	缓斜坡型	素乱型	近动修建型	亲水型	含蓄型
11	土族	哇藏村	指状		混合偏离型		中大规模型	规则型	标准院落	低利用率型	低密度			弱可达型			高秩序型	稀疏型	标准民居	强规模型	缓斜坡型	中秩型	近动修建型	藏水型	含蓄型
12	土族	张家村	带团状		混合偏离型		大规模型	混合型	标准院落	中利用率型	低密度			强可达型			低秩序型	稀疏型	标准民居	弱规模型	斜缓型	中秩型	近动修建型	藏水型	亲露型
13	土族	阿河滩村	带团状		简单规则型		大规模型	规则型	标准院落	高利用率型	低密度			强可达型			中秩序型	稀疏型	标准民居	强规模型	缓斜坡型	有序型	近动修建型	亲水型	含蓄型
14	撒拉族	大庄村	团状		简单规则型		中大规模型	混合型	超大院落	低利用率型	高密度			强可达型			低秩序型	稀疏型	大型民居	强规模型	斜缓型	素乱型	近动修建型	藏水型	含蓄型
15	撒拉族	塔沙坡村	团状		简单规则型		中规模型	自由型	小型院落	中利用率型	低密度			易可达型			低秩序型	勾疏型	小型民居	强规模型	斜缓型	中秩型	近动修建型	亲水型	亲露型
16	撒拉族	下庄村	团状		混合偏离型		中大规模型	混合型	标准院落	中利用率型	低密度			弱可达型			中秩序型	勾疏型	小型民居	弱规模型	斜缓型	中秩型	近动修建型	亲水型	亲露型
17	撒拉族	下庄村	团状		混合偏离型		中规模型	自由型	标准院落	中利用率型	中密度			强可达型			中秩序型	稠密型	标准民居	弱规模型	斜缓型	素乱型	近动修建型	亲水型	含蓄型
18	保安族	梅上村	带状		混合偏离型		中规模型	自由型	大型院落	低利用率型	低密度			弱可达型			中秩序型	稠密型	大型民居	无规模型	缓斜坡型	素乱型	近动修建型	藏水型	含蓄型
19	保安族	大墩村	带团状		混合偏离型		中规模型	自由型	大型院落	中利用率型	低密度			弱可达型			中秩序型	勾疏型	标准民居	强规模型	缓斜坡型	中秩型	近动修建型	藏水型	含蓄型
20	保安族	甘河滩村	带团状		混合偏离型		中规模型	自由型	超大院落	高利用率型	低密度			易可达型			无秩序型	勾疏型	标准民居	强规模型	缓斜坡型	素乱型	近动修建型	藏水型	含蓄型

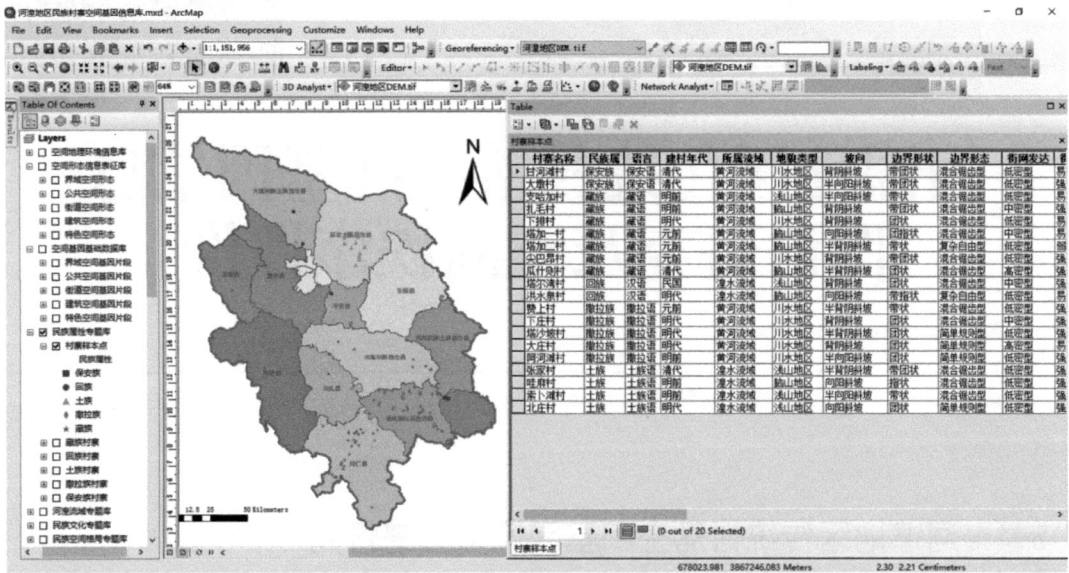

图 4-20　河湟地区传统村落空间基因信息数据库（部分）

题库，不同宗教信仰文化的民族文化专题库，地域背景下各传统村落的民族空间格局专题库等，还有与各专题库相对应的专题分析图。

第五章

河湟地区传统村落空间基因信息图谱研究及空间秩序评价

河湟地区传统村落空间基因信息图谱研究

5.1.1 河湟地区传统村落空间基因信息图谱构建

"图谱"是指经过系统地分类、编辑与综合，用于反映事物和现象空间结构特征与时空序列变化规律的图示集合，是一种直观、全面对事物进行信息解读与显示的方法[164]。河湟地区不同民族的村落空间形态表征中，既有受到地域环境影响的共性特征，在更微观的尺度上又具有强烈的民族文化个性特质，二者之间存在有机关联。前文已将河湟地区传统村落空间形态通过空间基因片段进行信息类型的划分解读，并基于村落样本构建了河湟地区传统村落空间基因基础数据库和空间形态信息表征库。本部分研究通过将空间基因基础数据库和空间形态信息表征库进行叠加，构建河湟地区不同传统村落的空间基因信息图谱，包含空间形态类型图谱和空间基因序列图谱两部分内容。

5.1.1.1 河湟地区传统村落空间形态类型图谱构建

首先，以民族属性分类，从河湟地区传统村落空间基因基础数据库中提取每个民族对应村落样本的空间基因基础数据，对数据进行归一化处理，消除不同数据的量纲影响。采用系统聚类法（Hierarchical Cluster Method）将每个民族对应的村落样本凝聚成不同空间形态的类型簇。

其次，结合河湟地区传统村落空间形态信息表征库，以村落空间格局形态完整、空间结构要素保护良好以及社会结构组织明确为原则，选择同一民族中具有不同空间形态特征的村落作为代表样本进行空间形态类型图谱研究。需要说明的是，由于回族和保安族村落样本数量较小，各仅有 2 个，不适用聚类分析。因此，采用威尔科克森符号秩检验法（Wilcoxon Signed Rank Test）来衡量这两类传统村落的 2 组样本空间基因数据之间的整体显著差异性。通过 Wilcoxon 符号秩检验分析结果看两组样本空间基因数据间是否存在差异性，如果差异性显著则说明 2 个村落样本具有不同空间形态特征，须分别分析研究。反之，如果结果不存在显著差异性，则认为 2 个村落样本具有相同空间形态特征，可合并为 1 种空间形态类型进行分析研究。

5.1.1.2　河湟地区传统村落空间基因序列图谱构建

空间基因序列是传统村落各空间基因的结构关系表达。河湟地区传统村落在空间结构与系统功能之间呈现出复杂性和多元性，通过对空间基因序列的挖掘与表达，可以更加全面与深入地对各传统村落空间形态进行解读。同时，具有相同民族属性的村落在空间结构上具有同一性，在同一传统村落的空间基因序列中，关联性显著的核心基因构成了该传统村落的核心空间基因序列，也是该传统村落空间结构的主要模式，这对于河湟地区各传统村落空间风貌的承续和发展有着重要的现实意义。本书基于河湟地区每个民族对应村落样本的空间基因信息数据提取不同传统村落的空间基因序列，并通过 Networks 网络图示法对显著关联的空间基因序列结构进行可视化表达。

首先，利用前文中已经处理好的空间基因归一化数据，采用 Pearson 相关系数对同一传统村落空间基因之间的相关性进行统计分析。Pearson 相关性分析可以通过计算 Pearson 相关系数来描述两变量的线性相关性。

其次，将上述每个民族的村落样本空间基因的显著相关系数统计结果分别导入 Gephi 软件进行信息数据可视化分析，采用 FR 算法（Fruchterman Reingold）布局生成河湟地区不同传统村落的空间基因序列网络图谱，直观表征空间基因之间的联系。FR 算法的基本思想是将所有的网络节点看作是电子，每个节点受到两个力的作用：①其他节点的库仑力（斥力）；②边对节点的胡克力（引力）。在力的相互作用之下，整个布局最终会成为一个平衡的状态。空间基因序列网络图谱的节点标签为对应的空间维度，以节点类型进行分组，草绿色代表界域空间基因，橘色代表公共空间基因，紫色代表街道空间基因，蓝色代表建筑空间基因，深绿色代表特色空间基因。节点尺寸大小设置为［10，150］区间范围内变化，相关系数越高节点越大。节点之间的连接边线以相关系数为权重呈现出不同的粗细程度，颜色由米白色向深蓝色过渡，反映各空间基因之间联系的强弱关系（图 5-1）。

5.1.2　藏族村落空间基因信息图谱解析

5.1.2.1　藏族村落空间形态类型图谱解析

河湟地区藏族村落主要沿黄河流域及其支流谷地分布，多择址于河谷平川两边的

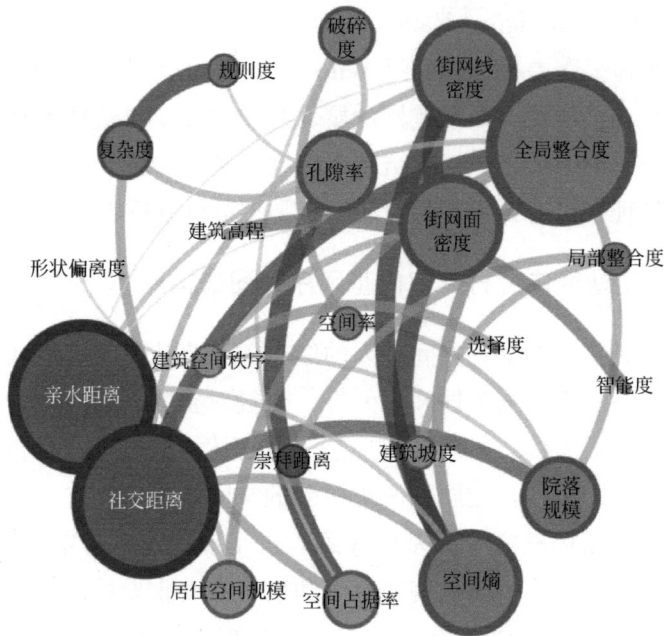

图 5-1 空间基因序列网络图谱示意

浅山和脑山地带，这里气候较寒冷，植被生长良好，符合藏族原始游牧文化的生活习惯。河湟地区藏族村落是由原始游牧生活方式逐步转变为农耕生活方式后形成，形成时间较晚，村落规模相对较小，一村几十户人家不等，多为纯藏族村落。通过将藏族村落空间基因基础数据和形态表征信息进行叠加，对藏族村落空间形态特征进行挖掘。系统聚类分析结果显示，在组间相对距离为 12.5 时，藏族村落可划分为 3 种形态类型簇。根据海拔和村寺空间关系，可分为"脑山村寺共生型"村落（形态Ⅰ）、"脑山村寺相隔型"村落（形态Ⅱ）和"浅山村寺相隔型"村落（形态Ⅲ），选择瓜什则村、塔加一村和尖巴昂村作为代表样本进行藏族村落空间形态类型图谱研究（图 5-2）。

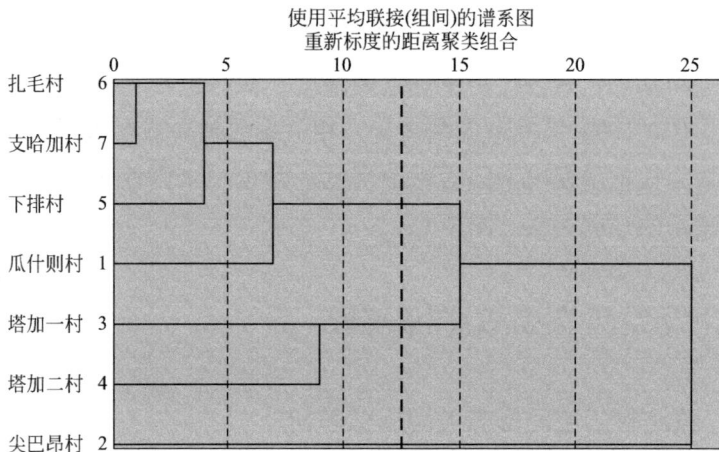

图 5-2 藏族村落空间形态类型聚类分析谱系图

（1）界域空间基因。受"自然崇拜"的生态观和"神人共居"的宇宙观的影响[165]，藏族村落的营建会尽量减少对地形的改变，因山就势，鳞次栉比，且少有人为规划痕迹，体现了村落形态与自然环境的和谐共生。由于要顺应地势，藏族村落整体形状灵活多样，核心区域以团状为主，逐渐向带状或指状演进。村落轮廓多不规整，边界形态凹凸明显且幅度强烈，主要呈现混合锯齿型表征（图5-3）。

（2）公共空间基因。藏族村落的开放空间系统主要由街巷、绿化、晒谷场和寺院广场等构成。这些空间不仅是生活生产设施，也是村民进行日常交往和集体活动的重要场所。藏族群众的宗教信仰文化直接影响其日常生活行为，多样的祭祀仪式中有些环节需要在室外进行，例如，螭鼓舞祭祀仪式中最重要的环节就是在村落广场空间中进行的舞蹈表演；各种婚嫁礼仪、传统节日中也会在开放空间组织类型丰富的文娱活动。其次，各种活动举行地点相对固定，因此开放空间系统形态往往比较一致。从孔隙率基因和破碎度基因可以看出，村寺共生型村落由于邻近寺院，寺院本身配置有较大规模广场、院落等公共空间，村落内无须另设，故开放空间呈中等规模自由形态展开；而村寺相隔型村落则往往需要在村内至少开辟一处集中广场，以满足相关活动需求，开放空间表现为大规模规则形态肌理，总体而言，藏族村落开放空间规模占比相对较高。藏族村落的院落系统有内院和外院两种形式，封闭的内院围合成向心性的内部空间，外院形状多根据地势随意布局，灵活多变。居住建筑院落居中均设有煨桑炉、经幡、嘛呢旗杆等，具有浓厚的宗教色彩，院落规模受地形或用地限制，尺度整体偏小，以标准院落和小型院落为主。由于经济发展水平不一，空间率存在一定差异性（图5-4）。

（3）街道空间基因。藏族村落的街道空间主要由村民长期活动形成，多依附于地势走向和山体起伏，呈竖向自然形态。街道空间结构主要有树枝形、鱼骨形、"S"形和"之"字形四种基本结构及其之间的组合。从街道空间基因图谱可以看出，得益于寺院的影响力，村寺共生型村落的街网建设水平和结构化程度明显优于村寺相隔型村落。脑山村寺共生型村落街巷系统表现为高密度中秩型，脑山村寺相隔型村落和浅山村寺相隔型村落则分别呈现中密度无秩型和低密度低秩型表征。但藏族村落街网空间各个节点联系紧密，街巷系统的整体通达性较好（图5-5）。

（4）建筑空间基因。从平面空间基因来看，藏族族群对于村落的营建往往没有"约定俗成"的规则，建筑布局因地就势，表现出较强的随机性，因此空间占据率基因表现出较大差异。居住建筑类型以庄廓院落为主，平面布局有"L"形、"凹"字形、"回"字形等多种形式，规模大小往往取决于户主的经济水平。从竖向空间基因来看，地处脑山区的村落，建筑多分布在相对高程变化较小的区域，且为了获取更多耕地资源，将更多平缓地带用于耕作，因此建筑多沿斜坡和中度陡坡布置，建筑高程基因呈现弱规律型；位于浅山区的村落，建筑布局随高程变化表现出明显层叠分布的强规律，建筑多沿缓斜坡布置。从建筑空间秩序基因来看，藏族村落建筑间角度差变化较小，多呈现出朝向的一致性，表现出"中秩型"水平（图5-6）。

以上四图可扫码观看高清图。

扫码观看
图5-3～图5-6

（5）特色空间基因。河湟地区的藏族村落是典型宗教一元化的社会组织体系，藏传佛教宗教建筑是其信仰文化的重要物质空间载体，村落空间营建思想中处处表达着其信仰的神圣性，并将这种意识形态通过行为进行表达，试图构建出"佛"与"人"共生栖居的场所。这种村落与宗教建筑之间的共生以信仰文化为本源、以物质空间为载体，赋予了村落与宗教建筑间秩序与层级的联系，在社会文化与村落空间层面上具有独特的民族魅力。藏族村落的宗教建筑类型多样，主要有寺院、玛尼康、本康、佛塔、拉则、嘛呢堆等，本书主要研究藏族村落的居住建筑和佛教寺院之间的布局形态。从崇拜基因信息表征可知，河湟地区藏族村落和佛教寺院之间呈现出"村—寺"空间相近共生的"近功修"和"村—寺"空间相隔的"远功修"两种表征类型。"近功修"村落的寺院位于村落中心或重要节点处，其余建筑与道路围绕寺院分布，形成"内寺外村"的空间格局。"远功修"村落的寺院通常兴建在被喻为村落的"神山"之上，寺院占据高点，俯视村落，隔离尘世，形成"上寺下村"的空间格局。这两种布局中，寺院的神圣性和主体性都占据了村落的主导地位。需要说明的是，通过实地调研和走访发现，藏族群众信仰虔诚，祈祷行为频繁，且其中很多功修行为须在"集体崇拜空间"完成，如举行小型法事、转经轮、转佛塔等，藏族寺院虽然普遍距村落较远，但每个村落都有自己的玛尼康，即重大祭祀、大型法事、节庆活动等在寺院进行，而日常宗教功修多在玛尼康完成（图5-7）。本研究统计了藏族村落居住建筑与村中玛尼康间的空间距离关系（图5-8）。结果表明，所有藏族村落居住建筑与玛尼康间均呈现"近功修"表征，说明玛尼康对于藏族村落整体空间体系而言是不可或缺的重要崇拜空间。

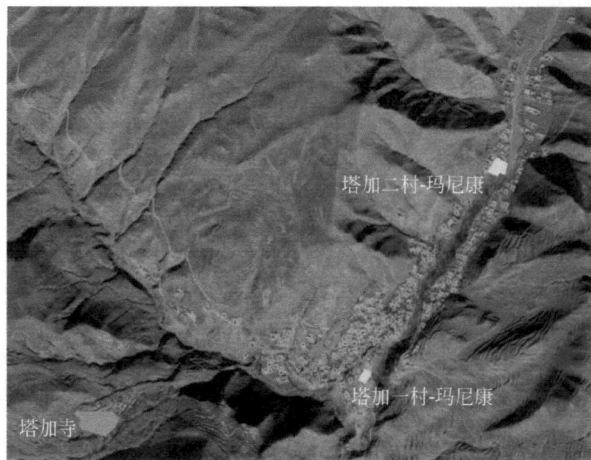

图 5-7　藏族村落"建筑-玛尼康-寺院"空间关系示意图

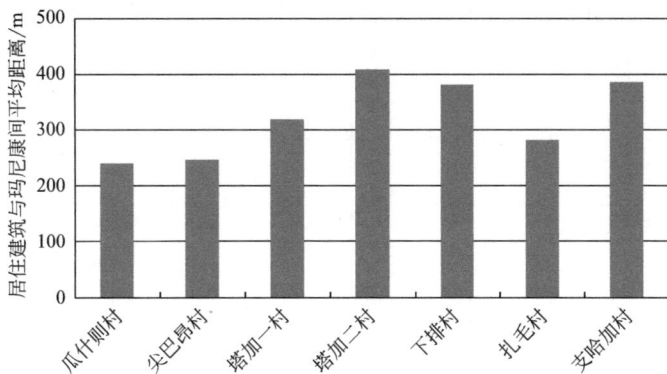

图 5-8　藏族村落居住建筑与玛尼康间平均距离统计

藏族村落沿二、三、四级河流水系均有分布。从亲水基因来看，三种村落形态类型都表现出"亲水型"表征，说明临水逐水的生活方式是河湟地区藏族村落营建的核心要素之一。藏族文化是一种信仰至上的民众共识，存在着"神圣—世俗—魔界"的社会空间类型和等级秩序划分。表现在其水文化中就对应的产生了"神湖神泉—普通水域—害水（自然灾害）"的"灵性化"属性和空间层级，从而产生村落与不同水域的空间组织方式，例如，对于被奉为"圣水"的水域顶礼膜拜，对带来灾难（自然灾害）的"害水"保持距离，衍生出"亲水—畏水—敬水"的独特空间结构[166]。表现为"河流—耕地—村落"和"上村下水"的空间格局。

河湟地区藏族村落基本上以"血缘"结合为主，然而其社交基因为"含蓄型"表征，由前文分析可知，藏族村落主要受用地限制，布局较为自由，空间结构松散，但有血缘关系和共同信仰的维系，形散神不散（图 5-9）。

扫码观看图5-9

5.1.2.2　藏族村落空间基因序列图谱解析

采用 Pearson 相关系数对藏族村落空间基因之间的相关性进行统计分析，结果见表 5-1。

根据藏族村落空间基因相关性分析结果，通过 Gephi 软件生成藏族村落空间基因序列图谱（图 5-10）。在藏族村落空间基因序列图谱中，反映出决定其空间形态特征的核心基因包括整体界域形状形态、空间率、全局整合度、选择度、空间熵、空间占据率和社交基因等。

从空间基因序列结构关联来看，藏族村落受外部环境制约明显，村落轮廓形状多样，形态复杂不规律，甚至影响到村落内个体间交往的亲密程度。浅山或脑山地区的起伏地形虽对村落边界空间和外围建筑肌理存在扰动，但山体尺度较村落尺度而言过于庞大，村落往往表现为"依附"或"嵌入"山体相对平坦的地形生长，故对村落内部空间结构的均质性波及较小。村落空间秩序表现出沿山体自由形态向内部规则形态

表 5-1

藏族村落空间基因相关性矩阵

空间基因	1	2	3	4	5	6	7	8	9	10	11a	11b	12	13	14	15	16	17	18	19	20	21	22
1 长宽比		0.309	0.884	0.885	0.517	-0.443	-0.107	-0.187	-0.401	-0.401	-0.269	0.329	-0.223	-0.755	-0.117	-0.5	0.219	0.278	0.004	-0.337	0.155	-0.381	0.829
2 形状偏离度	0.501		0.685	0.684	0.571	-0.358	-0.634	-0.754	-0.15	-0.15	-0.575	0.237	0.121	-0.694	0.69	-0.554	0.828	0.383	0.606	-0.497	-0.385	0.116	0.617
3 规则度	0.008***	0.089*		0.997	0.573	-0.399	-0.445	-0.52	-0.323	-0.323	-0.453	0.42	-0.024	-0.919	0.215	-0.558	0.601	0.428	0.254	-0.448	-0.071	-0.39	0.878
4 复杂度	0.008***	0.090*	0.000***		0.569	-0.416	-0.449	-0.51	-0.287	-0.287	-0.457	0.388	-0.051	-0.895	0.213	-0.553	0.6	0.468	0.308	-0.477	-0.069	-0.433	0.873
5 孔隙率	0.234	0.18	0.179	0.183		-0.93	-0.337	-0.63	-0.596	-0.596	-0.849	-0.325	-0.448	-0.661	0.668	-0.998	0.1	-0.274	0.202	-0.281	0.427	-0.295	0.638
6 破碎度	0.32	0.43	0.375	0.354	0.002***		0.185	0.435	0.51	0.51	0.798	0.573	0.678	0.408	-0.567	0.93	0.104	0.26	-0.266	0.227	-0.574	0.435	-0.515
7 院落规模	0.82	0.127	0.317	0.312	0.46	0.691		0.92	-0.326	-0.326	0.698	0.08	-0.437	0.579	-0.724	0.343	-0.449	-0.169	-0.555	0.596	-0.047	0.548	-0.067
8 空间率	0.689	0.050*	0.231	0.242	0.129	0.33	0.003***		0.019	0.019	0.857	0.128	-0.255	0.714	-0.876	0.637	-0.434	0.05	-0.442	0.503	-0.136	0.403	-0.263
9 街网线密度	0.372	0.749	0.48	0.532	0.158	0.242	0.476	0.969		1	0.266	-0.05	0.585	0.395	-0.112	0.612	-0.022	0.391	0.491	-0.502	-0.303	-0.2	-0.645
10 街网面密度	0.372	0.749	0.48	0.532	0.158	0.242	0.476	0.969	0.000***		0.266	-0.05	0.585	0.395	-0.112	0.612	-0.022	0.391	0.491	-0.502	-0.303	-0.2	-0.645
11a 全局整合度	0.559	0.177	0.308	0.302	0.016**	0.031**	0.081*	0.014**	0.564	0.564		0.5	0.248	0.596	-0.876	0.866	-0.152	0.225	-0.386	0.331	-0.512	0.581	-0.345
11b 局部整合度	0.472	0.609	0.348	0.39	0.477	0.179	0.865	0.784	0.915	0.915	0.253		0.519	-0.356	-0.434	0.347	0.569	0.468	-0.22	-0.023	-0.707	0.427	0.367
12 智能度	0.63	0.796	0.96	0.914	0.313	0.094*	0.327	0.581	0.168	0.168	0.591	0.233		-0.128	-0.03	0.462	0.242	0.125	0.015	-0.362	-0.486	0.257	-0.376
13 选择度	0.050*	0.084*	0.003***	0.007***	0.106	0.363	0.173	0.071*	0.381	0.381	0.158	0.433	0.785		-0.406	0.657	-0.51	0.391	-0.091	0.387	-0.059	0.292	-0.752
14 空间熵	0.803	0.087*	0.48	0.646	0.101	0.185	0.066*	0.010***	0.811	0.811	0.010***	0.33	0.949	0.366		-0.681	0.313	-0.202	0.493	-0.297	0.186	-0.279	0.134
15 空间占据率	0.253	0.197	0.193	0.198	0.000***	0.002***	0.451	0.124	0.144	0.144	0.012**	0.446	0.296	0.109	0.092*		-0.089	0.299	-0.177	0.238	-0.463	0.314	-0.624
16 居住空间规模	0.638	0.021**	0.153	0.154	0.831	0.824	0.312	0.331	0.963	0.963	0.745	0.183	0.601	0.242	0.494	0.849		0.696	0.481	-0.235	-0.663	-0.03	0.546
17 建筑高程	0.546	0.397	0.338	0.289	0.552	0.574	0.717	0.915	0.386	0.386	0.628	0.289	0.789	0.809	0.663	0.514	0.082*		0.606	-0.376	-0.634	-0.266	0.334
18 建筑坡度	0.994	0.149	0.582	0.502	0.664	0.564	0.196	0.321	0.263	0.263	0.392	0.636	0.975	0.846	0.261	0.704	0.274	0.149		-0.708	-0.298	-0.451	0.114
19 建筑空间秩序	0.459	0.257	0.313	0.279	0.542	0.624	0.158	0.25	0.251	0.251	0.469	0.961	0.425	0.391	0.518	0.608	0.612	0.406	0.075*		0.202	0.336	-0.143
20 崇拜距离	0.741	0.393	0.88	0.882	0.34	0.178	0.92	0.77	0.509	0.509	0.24	0.076*	0.268	0.9	0.69	0.295	0.104	0.126	0.516	0.665		-0.527	-0.085
21 亲水距离	0.399	0.804	0.387	0.332	0.521	0.329	0.203	0.37	0.668	0.668	0.171	0.339	0.578	0.525	0.545	0.493	0.95	0.565	0.309	0.461	0.225		-0.157
22 社交距离	0.021**	0.14	0.009***	0.010**	0.123	0.237	0.887	0.569	0.118	0.118	0.449	0.419	0.406	0.051*	0.774	0.134	0.205	0.464	0.808	0.759	0.856	0.737	

（下三角矩阵表示显著性水平；上三角矩阵表示相关系数）

注：***、**、* 分别代表 1%、5%、10% 的显著性水平。

的过渡，内部空间也在自然环境限制下易形成带状或楔状开放空间，且空间类型与形态多样，自下而上生长演化痕迹明显。村落整体界域形态与可达性、交通活性联系紧密，依山就势的布局展现出藏族村落与环境和谐共生的同时，所形成的独特空间结构与形态风貌特征，在藏族村落空间形态与空间风貌的保护规则中应加以强化与重视。整体而言，藏族村落的核心空间基因序列结构模式重视界域空间的形态适应性和街道空间的交通活性布局。

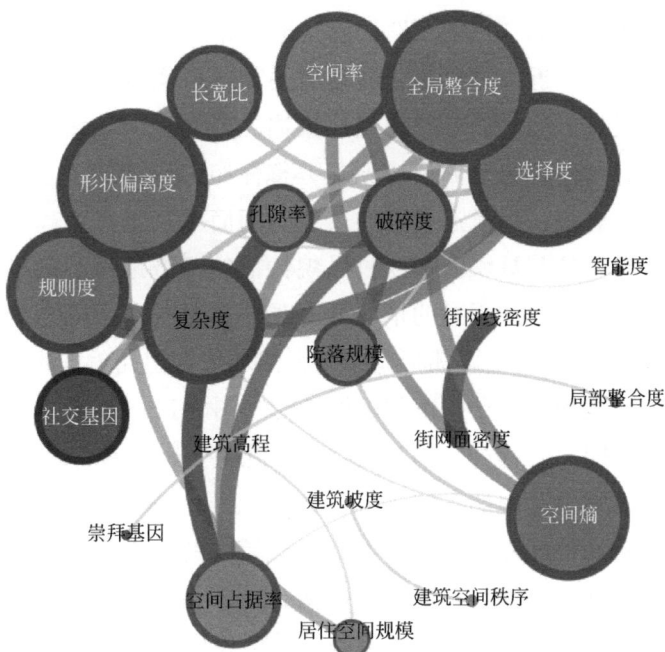

图 5-10　藏族村落空间基因序列图谱

5.1.3　回族村落空间基因信息图谱解析

5.1.3.1　回族村落空间形态类型图谱解析

河湟地区是西北回族的主要居住区之一，回族村落主要分布在湟水流域及其支流谷地的浅山地带。河湟地区回族村落的产业结构虽以农业生产方式为主，但回族民族自古以擅于经商闻名，对外贸易活动频繁，因此村落择址与城镇关系密切，多形成近郊型村落形态。通过将回族村落空间基因基础数据和形态表征信息进行叠加，对回族村落空间形态特征进行挖掘。Wilcoxon 符号秩检验结果显示，回族村落 2 个样本的空间基因数据的双尾显著性值为 0.042，小于 0.05，统计结果显著，说明回族村落 2 个样本空间形态存在显著性差异（表 5-2）。从空间形态信息表征库中提取回族村落 2 个样本的形态表征信息进行对比，样本形态相似率仅为 17.6%，明显属于不同的空间形态类型。

塔尔湾村-洪水泉村 Wilcoxon 符号秩检验结果　　　表 5-2

检验统计[a]	
	塔尔湾村-洪水泉村
Z	-2.038^b
渐近显著性（双尾）	0.042

a. 威尔科克森符号秩检验，b. 基于正秩。

从地理位置看，河湟地区回族村落择址呈现两种模式，一是以塔尔湾村为代表的选址在城镇外围，具有较好区位优势的"近郊型"村落（形态Ⅰ）；二是以洪水泉村为典型代表，位于浅山丘地的"远郊型"村落（形态Ⅱ）。

（1）界域空间基因。近郊型村落交通相对便利，可实现城乡共享交通、通信、公共娱乐场所和基础设施，但仍以宅基地建房聚居。与邻近的城镇建设相隔离，但同时也受城镇辐射影响，村落人为规划痕迹明显。整体布局以团状为主，紧凑规整，外围轮廓形态则呈现出混合表征，靠近道路的边界空间简单规则，远离道路的边界轮廓则表现出凹凸锯齿现象，是兼具城区和乡村风貌特征的经济地理空间单元。远郊型村落的空间生长对自然资源、生产因素的依赖性较强，多呈现自下而上的演化特征，更接近传统意义上的"农村"，村落整体形状结合自然环境和道路偏向带状或带指状，边界空间风貌相对多样，表现出复杂自由的发展特质（图 5-11）。

（2）公共空间基因。回族村落的开放空间系统主要以街巷、绿化和寺院广场为主。河湟地区回族群众日常生活中的集体活动如集体礼拜、婚丧仪式、传统节日等均在清真寺内展开，故村落通常都在清真寺前设置规模较大的集中广场开放空间，而个人交往空间主要形成于街巷节点处，布局自由。从孔隙率基因可以看出，近郊型村落受用地限制，开放空间规模占比相对较低，呈小规模型表征。"远郊型"村落空间分布因地就势，开发空间以零散、自由的形态分布为主，呈大规模型表征。破碎度基因则表现出自由分布和混合分布两种开放空间特征。回族村落院落形式以外院为主，院落规模占比较大，在所有村落样本中属较高水平。近郊型回族村落院落功能单一，院内大幅地块置为耕地，用以种植满足自家日常需求的果蔬瓜菜，致使空间利用率较低，表现出空旷的空间特征。远郊型村落院落中多设置旱厕、储藏、禽舍等附属功能用房，呈现出院落空间的高利用率表征（图 5-12）。

（3）街道空间基因。河湟地区回族村落重视对外交往，村落倾向于沿交通要道营建，即使是位于山区或丘陵地区的村落，往往也靠近主要公路布局，这种村落布局形式既方便了村民的生产生活和交通出行，也增强了村际之间、村城之间的交流与联系。近郊型回族村落受益于近城镇的区位优势，更容易受到行政中心的经济辐射影响，街巷遵循乡村道路规范要求规划建设，路面普遍较宽，密度适宜，街巷网络规整，呈现高秩型表征，形态相对简单，以网格状的街道空间结构最为常见，道路通达性较高，但空间肌理的丰富度与有机性相对较弱。远郊型村落可以反映出随着空间衍生所形成的街道延展过程，表现出自下而上演进中的随机性和无秩性。街网发达程度较低，多为树枝形，局部呈网格状，但街巷系统的整体性和智能度相对较好（图 5-13）。

（4）建筑空间基因。从建筑平面空间基因来看，近郊型回族村落建成环境相对密集，用地紧凑，呈现稠密型的空间格局。村落经济发展水平较高，居住建筑规模较大，建筑类型以"凹"字形和"回"字形庄廓院落为主。远郊型村落建筑密度较低，空间占据率较小，表现为稀疏型。居住建筑规模取决于户主经济实力，则大小不一，整体表现为小型民居形态。从竖向空间基因来看，近郊型回族村落兴建在相对高差变化较小的平坦地带，因此，高程基因和坡度基因表现出"无规律型"和"平地型"表征。远郊型村落为获取更多生存资源，将更多平地让位于耕地，建筑多建造于斜坡地带，且随高程变化的分布规律明显。从建筑空间秩序基因来看，近郊型回族村落除清真寺建筑有特定朝向外，村落其余建筑依次紧密呈长向排列，朝向区域一致，空间结构呈现出有序型表征。远郊型村落的建筑在靠近清真寺的核心区域排列相对有序，与清真寺较远的建筑则更多呈现自由布局状态，整体呈现出中秩型空间结构表征（图 5-14）。

（5）特色空间基因。清真寺作为回族村落必不可少的标志性建筑，与居住建筑的空间分布关系密切。回族群众全民信仰伊斯兰教，清真寺是穆斯林举行礼拜及宗教教育的中心场所，清真寺的选址与伊斯兰教的两世观密切相关。两世是指现世和后世，现世是人们生活于当下的物质世界，后世是指人逝世后所要到达的彼岸世界。伊斯兰教主张"两世并重，两世吉庆"，既要按时履行信仰功修、多行善事以求后世得到好的归宿，又要积极投身于现世家园的建设，承担起"代治者"的职责。伊斯兰教要求穆斯林每日完成 5 次礼拜，每周五的聚礼及节日的会礼等都要到清真寺完成，因此，清真寺必须邻近居住建筑兴建且要交通便捷，容易到达。从崇拜基因来看，所有回族村落均构成"围寺而居"的"近功修型"空间格局。

回族村落靠近三级河流，从亲水基因来看，主要呈现"疏水型"表征。伊斯兰教义中对水资源的阐述多用于指导穆斯林生活和仪式中的用水行为，如水可以洁净身心、保护水源防止污染、水当平等分享、严禁浪费水等，这使得回族群众"亲水敬水"的水文化在生活中得到很好的体现，而在村落建设中并未表现出与河流水系的亲密关系。

回族村落基本上以清真寺为中心，以地缘关系与教缘关系为纽带和基础串联起来，生活在共同的地域空间，构成"寺—坊"的居住形态。一方面，当村落人口不断增加，"寺—坊"不断扩大开始分化，就会诞生新的"寺—坊"。另一方面，村落大规模的院落空间加大了建筑间距，因此，从社交距离来看，河湟地区回族村落的社交基因整体表现出"含蓄型"表征（图 5-15）。

以上五图可扫码观看高清图。

扫码观看
图5-11～图5-15

5.1.3.2　回族村落空间基因序列图谱解析

采用 Pearson 相关系数对回族村落空间基因之间的相关性进行统计分析，结果见表 5-3。

回族村落空间基因相关性矩阵

表 5-3

空间基因	1	2	3	4	5	6	7	8	9	10	11a	11b	12	13	14	15	16	17	18	19	20	21	22
1 长宽比		0.986	0.995	0.644	0.952	0.479	0.928	0.952	-0.058	-0.058	-0.172	0.088	0.803	-0.059	0.969	-0.387	-0.146	0.705	0.989	0.224	0.944	0.004	0.77
2 形状饱满度	0.106		0.998	0.761	0.989	0.617	0.977	0.989	0.108	0.108	-0.006	0.252	0.694	0.107	0.996	-0.23	0.019	0.813	0.952	0.382	0.876	0.169	0.865
3 规则度	0.063*	0.042**		0.716	0.978	0.563	0.961	0.977	0.042	0.042	-0.073	0.187	0.74	0.041	0.989	-0.294	-0.047	0.772	0.97	0.319	0.906	0.103	0.83
4 复杂度	0.555	0.449	0.492		0.847	0.98	0.882	0.848	0.727	0.727	0.644	0.819	0.061	0.726	0.813	0.456	0.663	0.997	0.525	0.89	0.354	0.768	0.884
5 孔隙率	0.199	0.093*	0.135	0.356		0.725	0.998	1	0.252	0.252	0.139	0.39	0.582	0.25	0.998	-0.086	0.164	0.889	0.897	0.512	0.797	0.31	0.929
6 破碎度	0.682	0.577	0.619	0.127	0.484		0.771	0.726	0.849	0.849	0.783	0.917	-0.138	0.848	0.681	0.624	0.799	0.96	0.346	0.963	0.161	0.88	0.929
7 院落规模	0.243	0.137	0.179	0.312	0.044**	0.44		0.998	0.318	0.318	0.207	0.452	0.524	0.317	0.991	-0.017	0.232	0.918	0.864	0.57	0.753	0.375	0.952
8 空间率	0.199	0.093*	0.136	0.356	0.001***	0.483	0.043**		0.252	0.252	0.14	0.391	0.581	0.251	0.998	-0.085	0.165	0.889	0.897	0.513	0.796	0.311	0.929
9 街网线密度	0.963	0.931	0.973	0.482	0.838	0.354	0.794	0.838		1	0.993	0.989	-0.641	1	0.191	0.943	0.996	0.667	-0.202	0.96	-0.384	0.998	0.592
10 街网面密度	0.963	0.931	0.973	0.482	0.838	0.354	0.794	0.838	0.000***		0.993	0.989	-0.641	1	0.191	0.943	0.996	0.667	-0.202	0.96	-0.384	0.998	0.592
11a 全局整合度	0.89	0.996	0.954	0.555	0.911	0.428	0.867	0.911	0.073*	0.073*		0.966	-0.724	0.994	0.077	0.975	1	0.578	-0.313	0.922	-0.488	0.985	0.496
11b 局部整合度	0.944	0.838	0.88	0.389	0.745	0.261	0.701	0.745	0.093*	0.093*	0.166		-0.522	0.989	0.332	0.884	0.972	0.769	-0.058	0.991	-0.246	0.996	0.703
12 智能度	0.406	0.512	0.469	0.961	0.605	0.912	0.649	0.605	0.557	0.557	0.484	0.65		-0.642	0.631	-0.86	-0.707	0.144	0.882	-0.401	0.955	-0.592	0.239
13 选择度	0.963	0.932	0.974	0.482	0.839	0.355	0.795	0.838	0.001***	0.001***	0.072*	0.094*	0.557		0.19	0.943	0.996	0.666	-0.203	0.96	-0.386	0.998	0.592
14 空间熵	0.159	0.053*	0.096*	0.396	0.039**	0.523	0.083*	0.040**	0.878	0.878	0.951	0.785	0.565	0.878		-0.147	0.103	0.859	0.923	0.458	0.833	0.251	0.904
15 空间占据率	0.747	0.852	0.81	0.698	0.945	0.571	0.989	0.946	0.217	0.217	0.143	0.31	0.341	0.216	0.906		0.969	0.381	-0.517	0.812	-0.67	0.92	0.29
16 居住空间规模	0.907	0.988	0.97	0.538	0.895	0.411	0.851	0.894	0.057*	0.057*	0.016**	0.15	0.501	0.056*	0.934	0.16		0.598	-0.289	0.931	-0.465	0.989	0.518
17 建筑高程	0.502	0.396	0.439	0.063*	0.303	0.18	0.259	0.303	0.535	0.535	0.608	0.442	0.908	0.536	0.343	0.592	0.592		0.594	0.849	0.431	0.712	0.995
18 建筑坡度	0.093*	0.199	0.156	0.648	0.292	0.775	0.336	0.292	0.87	0.87	0.797	0.963	0.313	0.87	0.252	0.814	0.814	0.959		0.079	0.982	-0.142	0.669
19 建筑空间秩序	0.856	0.751	0.793	0.301	0.658	0.174	0.614	0.657	0.18	0.18	0.253	0.087*	0.738	0.181	0.697	0.397	0.237	0.355	0.949		-0.111	0.975	0.794
20 崇拜距离	0.215	0.32	0.278	0.77	0.413	0.897	0.457	0.414	0.749	0.749	0.676	0.842	0.191	0.748	0.374	0.532	0.692	0.716	0.122	0.929		-0.327	0.516
21 亲水距离	0.998	0.892	0.934	0.443	0.799	0.315	0.755	0.798	0.039**	0.039**	0.112	0.054*	0.596	0.040**	0.838	0.256	0.096*	0.496	0.909	0.141	0.788		0.641
22 社交距离	0.44	0.335	0.377	0.115	0.242	0.242	0.198	0.241	0.596	0.596	0.669	0.503	0.846	0.597	0.281	0.813	0.653	0.061*	0.533	0.416	0.655	0.557	

（下三角矩阵表示显著性水平；上三角矩阵表示相关系数）

注：***、**、* 分别代表 1%、5%、10% 的显著性水平。

根据回族村落空间基因相关性分析结果，通过 Gephi 软件生成回族村落空间基因序列图谱（图 5-16）。在回族村落空间基因序列图谱中，反映出决定其空间形态特征的核心基因包括整体街道基因、形状偏离度、空间率、孔隙率、居住空间规模和亲水基因等。

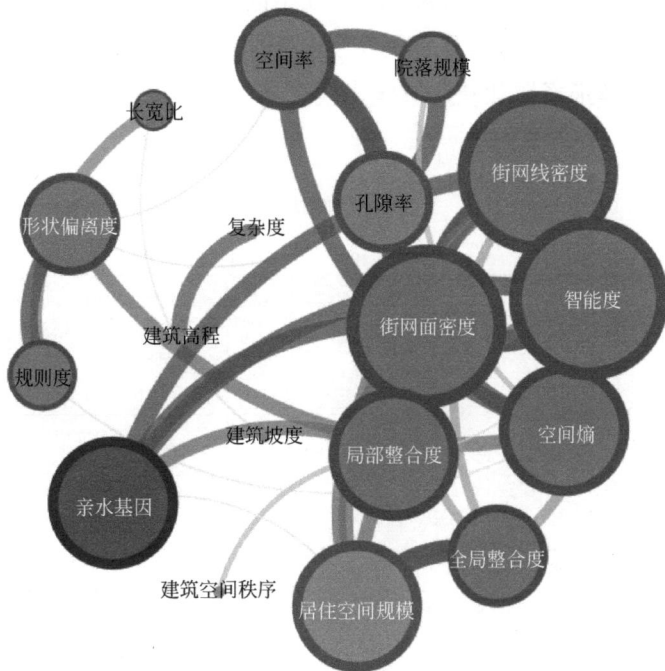

图 5-16　回族村落空间基因序列图谱

从空间基因序列整体结构来看，回族村落与河流疏远，但与交通路网关系密切，发达的街巷系统与便利的交通资源在村落内外都得到良好的呈现。近郊型村落分散在城镇外围，兼具交通便捷及近耕地资源优势，但区域空间受限，村落空间结构紧凑，整体形状偏向团状。回族擅商，且务工意愿较强，随着务农人员逐年减少，其农业生活方式呈现出在院内自耕自足的模式，因此，个体民居与院落规模普遍较大，村落开始显现"城中村"特点。远郊型村落空间与用地资源充裕，整体空间肌理较为松散，在街巷网络布局上，树枝形与网格形的结合使街巷整体性相较近郊型弱，公共空间与绿地呈碎片化分布，并融入街巷空间之中，传统乡村空间特征鲜明。整体而言，回族村落的核心空间基因序列结构模式侧重打造发达的街道空间，特别强调交通可达性与便捷性。

5.1.4　土族村落空间基因信息图谱解析

5.1.4.1　土族村落空间形态类型图谱解析

河湟地区土族村落多分布在湟水流域以北支流的浅山及脑山地带，土族群众的意识形态中长期秉承"天人合一"的和谐理念，村落的选址、布局都以当地的自然地理环境为依托，尊重并顺应自然，将村落建筑和自然环境有机结合，达到人与自然的和谐共生。通过将土族村落空间基因基础数据和形态表征信息进行叠加，对土族村落空间形态特征进行挖掘。系统聚类结果显示，在组间相对距离为 12.5 时，土族村落可划分为 2 种形态类型簇，根据海拔区间可分为"浅山型"村落（形态Ⅰ）和"脑山型"村落（形态Ⅱ），选择张家村和哇麻村作为代表样本进行土族村落空间形态类型图谱研究（图 5-17）。

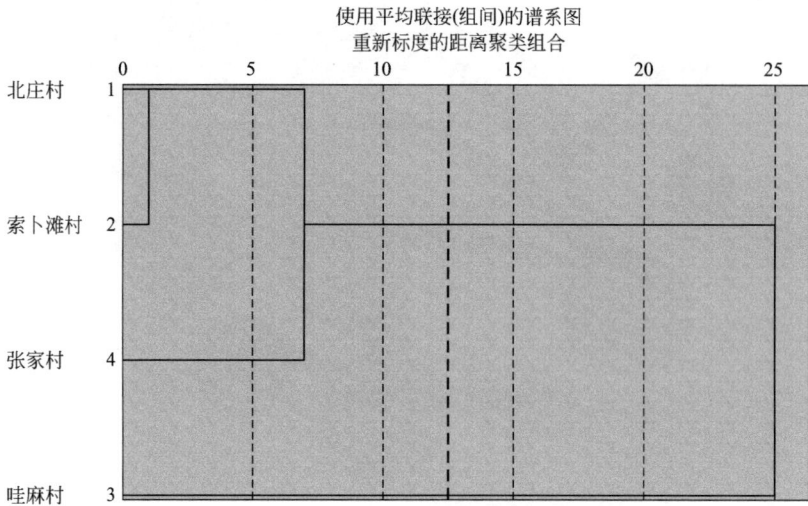

图 5-17　土族村落空间形态类型聚类分析谱系图

（1）界域空间基因。土族村落的界域形态主要由地形地貌决定，浅山型村落往往沿河流方向、靠近水源营村建寨，多表现为带状发展趋势；脑山型村落则多建于河谷两侧的台地之上，依山势呈阶梯分布，空间景观丰富，并呈现出指状表征。复杂的地形决定了边界空间形态的不规则性，两种类型的村落边界轮廓均呈现出凹凸明显的混合锯齿型表征（图 5-18）。

（2）公共空间基因。土族村落的开放空间系统主要由街巷、节点绿化、牌坊、晒谷场、活动广场和寺院广场等构成。空间类型多样，功能清晰，服务于村民的生产生活、休憩娱乐、日常交往和宗教活动等各个方面。因此，土族村落开放空间规模较大，产生了较高的村落孔隙率。浅山型村落开放空间结构相对规则，脑山型村落受到地形起伏的影响，开放空间形态呈现出"混合型"的组合特征，这也是土族村落空间丰富多变的前提。院落空间以三合院和四合院布局的标准院落为主，景观营造富有特色，设有中宫、煨桑炉、嘛呢旗杆等宗教空间及元素，便于精神信仰的寄托。村落院落规模大小适宜，空间率表现出一定的差异性（图 5-19）。

（3）街道空间基因。从街网线密度和街网面密度基因可以看出，土族村落整体的街网发达度较低，表现为低密型街巷体系。浅山地区的村落街道空间结构多为简单树枝形。脑山地区的村落街道空间多依附于地势走向和山体起伏，空间结构主要有树枝形、鱼骨形和"S"形三种基本结构及其之间的组合。街网空间各个节点的联系紧密，可达性较好。街巷系统空间的整体结构化程度较低，呈现出中秩型和低秩型表征（图 5-20）。

（4）建筑空间基因。从平面空间来看，土族民居是河湟地区最古老、最典型的庄廓民居建筑，平面布局以"L"形和"凹"字形为主，建筑规模遵循既有村约规定而较为统一，为标准民居规模。建筑间距较大，形成"稀疏型"的空间肌理。从竖向空间来看，土族村落建筑多分布于斜坡地带，以便将更多的平缓区域用于耕作。地处浅山地带的土族村落建筑随等高线的起伏变化表现出明显的高低错落布局规律，而脑山地带的村落，虽海拔更高，但建筑多集中建在台地地势平坦区域，相对高差变化不大，与高程间呈现弱规律表征。从建筑空间秩序来看，浅山型村落建筑空间方向性较统一，空间秩序性较强，脑山型村落建筑则多呈现出紊乱的空间肌理（图 5-21）。

（5）特色空间基因。土族的宗教信仰复杂，具有多元杂糅特征，河湟地区的土族群众信仰虽以藏传佛教为主，但在现实生活中同时也会保留原始萨满教、苯教及其他民间宗教信仰。因此，土族村落的宗教建筑类型多样，既有藏传佛教的寺院、本康、佛塔、嘛尼堆等，又存在祠堂、道观、龙王庙等其他宗教建筑，村落空间的营建展现出浓郁的多元宗教并行的结构风格。本书主要讨论土族村落中的佛教寺院和其他信仰中同等级的宗教建筑对居住建筑的分布影响。从崇拜基因量化数据可知，土族村落的宗教建筑多位于村落的中心地带，与居住建筑间距离相近，表现出"近功修"空间表征。

土族村落主要沿三、四级河流分布。从亲水基因来看，浅山地带的土族村落呈现出"亲水型"表征，河流水系位于村落边界处，将其与外界空间相隔，形成村落的天然界线，起到一定的保护作用。同时，村落与河流之间的区域留予农田和林地，形成了自然的灌溉渠，方便生产活动，表现为"河流—耕地—村落"的空间格局。

土族村落是典型的"姓氏血缘"村落，即同一村落的村民虽然在血缘上有着千丝万缕的关系，但远近亲疏有别，在聚居模式上更以姓氏为纽带呈现组团式分布特征，形成"大杂居、小聚居"的村落空间结构形态，在社交基因形态上也表现为含蓄型表征类型（图 5-22）。

以上五图可扫码观看高清图。

5.1.4.2 土族村落空间基因序列图谱解析

扫码观看
图5-18～图5-22

采用 Pearson 相关系数对土族村落空间基因之间的相关性进行统计分析，结果见表 5-4。

表5-4

土族村落空间基因相关性矩阵

空间基因	1	2	3	4	5	6	7	8	9	10	11a	11b	12	13	14	15	16	17	18	19	20	21	22
1 长宽比		-0.05	0.126	0.028	0.982	-0.088	0.234	-0.874	-0.714	-0.714	0.83	0.933	0.356	0.318	-0.31	-0.991	0.949	0.547	-0.902	-0.137	0.538	0.238	-0.598
2 形状偏测度	0.95		0.905	0.851	-0.223	0.611	-0.341	-0.394	-0.613	-0.613	-0.474	0.099	0.708	-0.472	0.683	0.18	0.126	0.535	0.453	0.085	0.693	-0.156	-0.398
3 规则度	0.874	0.126		0.985	-0.064	0.236	-0.627	-0.591	-0.784	-0.784	-0.155	0.122	0.48	-0.054	0.308	-0.006	0.381	0.342	0.204	0.438	0.556	-0.475	-0.73
4 复杂度	0.972	0.095*	0.015**		-0.16	0.105	-0.75	-0.507	-0.711	-0.711	-0.164	-0.021	0.325	0.051	0.21	0.083	0.313	0.174	0.25	0.577	0.403	-0.616	-0.735
5 孔隙率	0.018**	0.149	0.936	0.84		-0.133	0.356	-0.766	-0.568	-0.568	0.864	0.916	0.268	0.329	-0.369	-0.996	0.881	0.486	-0.946	-0.223	0.436	0.332	-0.461
6 破碎度	0.912	0.777	0.764	0.895	0.867		0.502	-0.023	-0.124	-0.124	-0.613	0.265	0.874	-0.962	0.967	0.167	-0.187	0.782	0.44	-0.72	0.735	0.649	0.328
7 院落规模	0.766	0.389	0.373	0.25	0.644	0.498		0.131	0.287	0.287	0.017	0.471	0.381	-0.535	0.326	-0.275	-0.077	0.509	-0.216	-0.961	0.288	0.982	0.621
8 空间率	0.126	0.659	0.409	0.493	0.234	0.977	0.869		0.963	0.963	-0.61	-0.811	-0.507	-0.252	0.12	0.81	-0.961	-0.595	0.639	-0.121	-0.694	0.056	0.852
9 街网线密度	0.286	0.606	0.216	0.289	0.432	0.876	0.713	0.037**		1	-0.404	-0.674	-0.572	-0.149	-0.035	0.623	-0.859	-0.594	0.416	-0.212	-0.737	0.176	0.883
10 街网面密度	0.286	0.387	0.216	0.289	0.432	0.876	0.713	0.037**	0.000***		-0.404	-0.674	-0.572	-0.149	-0.035	0.623	-0.859	-0.594	0.416	-0.212	-0.737	0.176	0.883
11a 全局整合度	0.17	0.526	0.845	0.836	0.136	0.387	0.983	0.39	0.596	0.596		0.597	-0.225	0.753	-0.784	-0.88	0.805	-0.006	-0.976	0.198	-0.019	-0.076	-0.548
11b 局部整合度	0.067*	0.901	0.878	0.979	0.084*	0.735	0.529	0.189	0.326	0.326	0.403		0.631	-0.043	0.03	-0.906	0.823	0.796	-0.735	-0.441	0.75	0.517	-0.397
12 智能度	0.644	0.292	0.52	0.675	0.732	0.126	0.619	0.493	0.428	0.428	0.775	0.177		-0.707	0.773	-0.258	0.308	0.968	0.059	-0.572	0.972	0.544	-0.126
13 选择度	0.682	0.528	0.946	0.949	0.671	0.038**	0.465	0.748	0.851	0.851	0.247	0.369	0.293		-0.966	-0.374	0.442	-0.598	-0.591	0.741	-0.522	-0.656	-0.557
14 空间嵌	0.69	0.317	0.692	0.79	0.631	0.28	0.674	0.88	0.965	0.965	0.216	0.957	0.227	0.034**		0.394	-0.357	0.625	0.649	-0.573	0.611	0.479	0.357
15 空间占据率	0.009***	0.82	0.994	0.917	0.004***	0.833	0.725	0.19	0.377	0.377	0.12	0.97	0.742	0.626	0.606		-0.918	-0.469	0.947	0.146	-0.439	-0.255	0.537
16 居住空间规模	0.051*	0.874	0.619	0.687	0.119	0.813	0.923	0.039**	0.141	0.141	0.195	0.094*	0.692	0.558	0.643	0.082*		0.453	-0.822	0.145	0.52	-0.053	-0.821
17 建筑高程	0.453	0.465	0.658	0.826	0.514	0.218	0.491	0.405	0.406	0.406	0.994	0.204	0.032*	0.402	0.375	0.531	0.547		-0.175	-0.642	0.971	0.644	-0.149
18 建筑坡度	0.098*	0.547	0.796	0.75	0.054*	0.56	0.784	0.361	0.584	0.584	0.024**	0.265	0.941	0.409	0.351	0.053*	0.178	0.825		0.015	-0.128	-0.138	0.46
19 建筑空间秩序	0.863	0.915	0.562	0.423	0.777	0.28	0.039**	0.879	0.788	0.788	0.802	0.559	0.428	0.259	0.427	0.854	0.855	0.358	0.985		-0.449	-0.992	-0.621
20 崇拜距离	0.462	0.307	0.444	0.597	0.564	0.265	0.712	0.306	0.263	0.263	0.981	0.25	0.028**	0.478	0.389	0.561	0.48	0.029**	0.872	0.551		0.444	-0.334
21 亲水距离	0.762	0.844	0.525	0.384	0.668	0.351	0.018**	0.944	0.824	0.824	0.924	0.483	0.456	0.344	0.521	0.745	0.947	0.356	0.862	0.008***	0.556		0.57
22 社次距离	0.402	0.602	0.27	0.265	0.539	0.672	0.379	0.148	0.117	0.117	0.452	0.603	0.874	0.443	0.643	0.463	0.179	0.851	0.54	0.379	0.666	0.43	

注：***、**、*分别代表1%、5%、10%的显著性水平

（下三角矩阵表示显著性水平；上三角矩阵表示相关系数）

根据土族村落空间基因相关性分析结果，通过 Gephi 软件生成土族村落空间基因序列图谱（图 5-23）。在土族村落空间基因序列图谱中，反映出决定其空间形态特征的核心基因包括长宽比、孔隙率、空间占据率、建筑坡度和居住空间规模等。

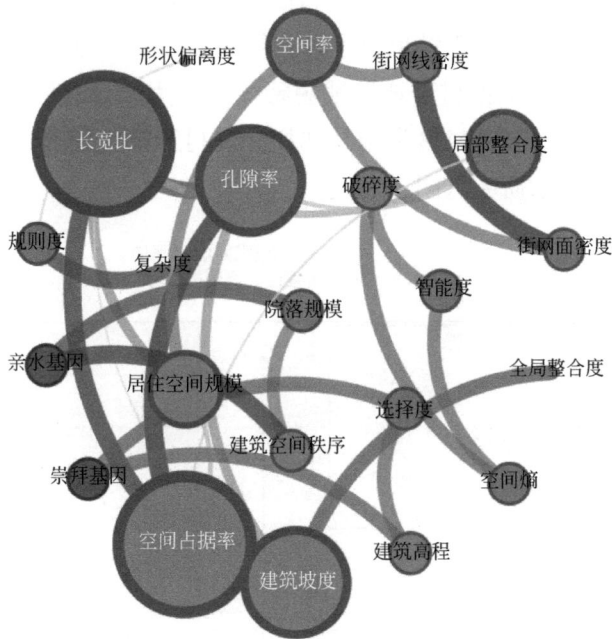

图 5-23　土族村落空间基因序列图谱

土族村落多邻水布局，其空间基因序列结构更依赖建筑空间的营建，表现出"由内而外—由密至疏"逐层发散的空间格局。村落建筑多在斜坡地带集中分布，将更多近水的平地和缓坡区域留予耕作。居住空间规模在村落既有规则和建造经验指导下形成较为统一的空间风貌。在自然水体的影响下，村落边界轮廓表现出毗邻同向的带状衍生模式，村落空间与河流水系的共存提升了村落形态的孔隙率，同时也为村落开放空间提供了充裕的物质基础，营造了丰富的邻水景观。整体而言，土族村落的核心空间基因序列结构模式注重建筑空间的层级格局营造。

5.1.5　撒拉族村落空间基因信息图谱解析

5.1.5.1　撒拉族村落空间形态类型图谱解析

河湟地区撒拉族村落主要分布在黄河流域及以南支流的川水地带，撒拉族作为我国唯一外来的突厥语系民族，其村落选址充满了神秘色彩，据传，撒拉族先祖嘎勒莽和阿合莽兄弟二人因在伊斯兰教门中威望颇高，便遭到时任执政者的嫉恨和迫害，遂带领族属牵了一峰白色骆驼驮着《古兰经》东行，寻找新的家园居所，行至今循化县街子镇东的沙子坡时发现一眼清泉，白驼卧于泉水一侧化成白石，众人惊喜之余将随身携带的水土与泉边水土比量，发现这里的水土与故乡水土非常相似，遂在此地扎根定居。

通过将撒拉族村落空间基因基础数据和形态表征信息进行叠加，对撒拉族村落空间形态特征进行挖掘。系统聚类结果显示，在组间相对距离为12.5时，撒拉族村落可划分为2种形态类型簇。根据村落地形地貌特征可分为"丘陵坡地型"（形态Ⅰ）和"台垣平地型"（形态Ⅱ）2种村落类型，选择大庄村和赞上村作为代表样本进行撒拉族村落空间形态类型图谱研究（图5-24）。

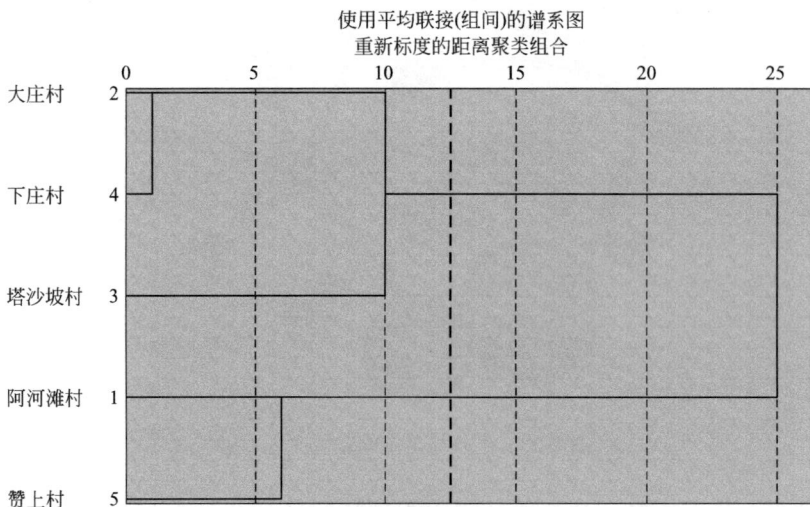

图5-24　撒拉族村落空间形态类型聚类分析谱系图

（1）界域空间基因。黄河峡谷两岸河床狭窄，水流湍急，因此同属川水地带的撒拉族村落的界域形态受不同地势影响明显。丘陵坡地型村落位于黄河南岸的河谷坡地，村落边界空间受环境限制，形状以团状为主，边界轮廓多呈简单规则表征。台垣平地型村落多沿河流、道路方向呈带状延伸发展；由于发展的不平衡性，边界轮廓在沿路一侧相对规整，临河一侧则表现出不规则变化，"锯齿状"明显（图5-25）。

（2）公共空间基因。撒拉族村落的开放空间系统主要由街巷、牌坊、打麦场、学校和寺院广场等构成，空间类型丰富。大空间通常集中布局，小空间分布的随机性较强，因此，从孔隙率基因可以看出其开放空间规模主要表现为中规模水平，破碎度基因呈现出自由型特征。位于丘陵坡地的村落受建设用地制约，院落以内院形式居多，规模偏小。地处台垣平地的村落院落多为外院形式，由于用地资源较充裕，院落规模普遍较大。撒拉族群众钟爱花草果木，每家院中都有或大或小的苗圃，种植花卉和各种果树，其他辅助功能用房尽可能与主要房屋连接设置，因此，在院落空间的围合利用方面都表现出低利用率的特点（图5-26）。

（3）街道空间基因。丘陵坡地型村落的街巷系统依形就势，呈自由布局形式，路网蜿蜒曲折，通而不畅，密集幽深，形成了丰富的空间层次，但同时也导致局部空间的可达性不佳，结构化程度较低，街网发达度表现为高密型水平。台垣平地型村落地势平坦，街网多为网格状，布局规整，结构简单明晰，表现出明显的人为规划特征，属于低密度街道网络，道路可达性较高，整体结构化程度适中（图5-27）。

（4）建筑空间基因。撒拉族村落的居住建筑虽也为庄廓民居，但从建筑结构和材料上可以分为两种不同类型。其一是主要分布在丘陵坡地的撒拉族特有的夯土木构篱笆楼庄廓；另一类是普遍分布在撒拉族各村落的土木结构夯土庄廓。从平面空间来看，其庄廓民居的平面形式近似，多以"回"字形和"凹"字形为主。有限的建设用地决定了丘陵坡地居住建筑的小型体量和匀质型的建筑群体肌理。位于台垣平地的村落建设用地资源丰富，居住建筑体量普遍较大，建筑群结构化程度密集，呈现出稠密型空间特征。从竖向空间来看，丘陵坡地的村落建筑依山就势沿坡地分布，形成高低错落的肌理感。地处台垣平地的村落，地势相对平坦，起伏变化不大，与高程间呈现无规律表征，建筑多建于缓斜坡区域，平地留作耕地。从建筑空间秩序来看，整体表现为中秩型水平，且不同类型的撒拉族村落在空间演化过程中其外延区域的建筑朝向相较核心区域均逐渐表现出失序状态（图5-28）。

（5）特色空间基因。对于全民信仰伊斯兰教的撒拉族群众而言，清真寺是撒拉族村落的精神和文化中心。同时，在大部分撒拉族村落中，清真寺一般处于地理空间的中心位置，对整个村落形成一定的统领作用。从崇拜基因来看，撒拉族村落与清真寺之间均表现出"近功修"空间表征。街巷以清真寺为中心向外发散，居住建筑围绕清真寺环形分布，整个村落形成"寺院—街巷—建筑"同心圆式或偏心圆式空间格局。

从亲水基因来看，撒拉族村落多邻近一、二级河流布局，多呈现"亲水型"表征。一、二级河流虽水资源丰富，但水流量过于充沛，不但难以汲取，更会引发各种水患，例如，由于黄河水位上涨已将大庄村东北部耕地、古树、部分传统街巷和民居淹没，将原来的"水—田—村—山"空间格局改变为"水—村—山"格局。故撒拉族群众多依赖村内泉水或建渠引水入村以解决用水需求。

撒拉族是由部落演化而来的民族，在其历史上有着独特的基层社会结构，即以父系血缘为核心的"启木苍"作为基本组织单元，逐渐扩展为"启木苍（家庭）—阿格尼（父系近亲）—孔木散（远亲组织）—阿格勒（村落）—工（域/乡）"的严密社会组织结构，这也反映出撒拉族村落的由"血缘村落"向"地缘村落"演变发展的历程（图5-29）。因此，从社交基因来看，传统的以"血缘"为纽带的撒拉族村落均表现为亲密型表征，而后期发展起来的"地缘村落"则呈现出含蓄型特点（图5-30）。

图5-25～图5-28及图5-30可扫码观看高清图。

扫码观看
图5-25～图5-28
及图5-30

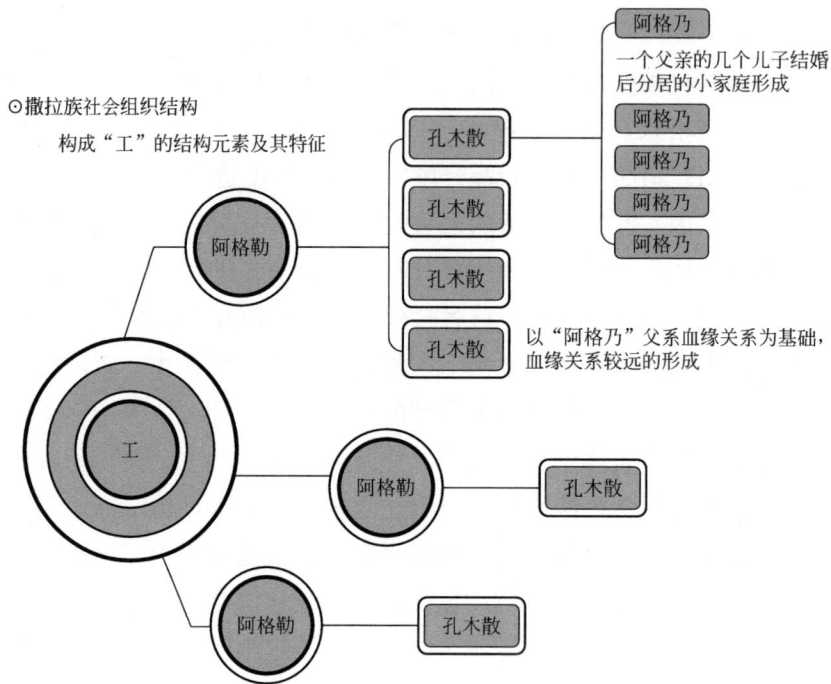

图 5-29　撒拉族社会组织结构关系图[167]

5.1.5.2　撒拉族村落空间基因序列图谱解析

采用 Pearson 相关系数对撒拉族村落空间基因之间的相关性进行统计分析，结果见表 5-5。

根据撒拉族村落空间基因相关性分析结果，通过 Gephi 软件生成撒拉族村落空间基因序列图谱（图 5-31）。在撒拉族村落空间基因序列图谱中，反映出决定其空间形态特征的核心基因包括街网线密度、街网面密度、全局整合度、空间熵、院落规模、亲水基因和社交基因等。

就撒拉族村落空间基因整体序列而言，不管是丘陵坡地型村落还是台垣平地型村落，村落街巷系统的发达水平对村落整体空间肌理有着显著影响，街道作为村落空间结构框架，支撑其村落空间的整体形态特征。同时，亲水属性刻入撒拉族村落空间脉络呈现出"水体—空间"融合的包容衍生模式。从空间基因序列结构关联来看，在严密的社会组织关系和血缘纽带影响下，村落个体间交往空间联系紧密，院落规模、建筑布局、空间秩序等表现出鲜明的稳定性与匀质性。整体而言，撒拉族村落的核心空间基因序列结构模式注重街道空间布局和特色空间呈现，尤其强调个体交往空间联系的紧密性和与河流水系间的亲密性。

表 5-5

撒拉族村落空间基因相关性矩阵

空间基因	1	2	3	4	5	6	7	8	9	10	11a	11b	12	13	14	15	16	17	18	19	20	21	22
1 长宽比		−0.464	0.431	0.353	−0.423	0.168	0.295	−0.171	−0.323	−0.323	0.393	0.563	−0.181	−0.265	−0.364	0.407	0.685	0.458	−0.398	0.578	0.743	0.709	0.322
2 形状偏心度	0.431		0.591	0.632	−0.364	0.17	0.033	0.062	−0.082	−0.082	0.255	−0.02	0.65	0.722	−0.051	0.407	0.149	−0.655	−0.335	−0.821	0.109	−0.289	0.185
3 规则度	0.469	0.294		0.988	−0.828	0.434	0.178	−0.22	−0.281	−0.281	0.513	0.472	0.51	0.41	−0.284	0.854	0.7	−0.291	−0.643	−0.239	0.785	0.255	0.364
4 复杂度	0.561	0.253	0.002***		−0.866	0.507	0.032	−0.329	−0.199	−0.199	0.401	0.375	0.505	0.372	−0.194	0.893	0.585	−0.336	−0.534	−0.221	0.714	0.121	0.238
5 孔隙率	0.478	0.548	0.084*	0.057*		−0.85	0.308	0.704	−0.243	−0.243	0.024	−0.489	−0.544	0.125	−0.238	−0.998	−0.314	0.449	0.396	−0.175	−0.752	0.128	0.18
6 破碎度	0.787	0.784	0.466	0.383	0.065*		−0.631	−0.885	0.709	0.709	−0.512	0.404	0.563	−0.504	0.704	0.829	−0.155	−0.615	−0.129	0.364	0.493	−0.513	−0.613
7 院落规模	0.63	0.958	0.775	0.959	0.615	0.253		0.854	−0.725	−0.725	0.883	0.413	0.045	0.587	−0.757	−0.285	0.771	0.261	−0.678	−0.438	0.32	0.839	0.954
8 空间率	0.783	0.921	0.722	0.589	0.184	0.046**	0.066*		−0.653	−0.653	0.669	−0.028	−0.134	0.651	−0.663	−0.677	0.366	0.279	−0.296	−0.604	−0.208	0.561	0.79
9 街网线密度	0.596	0.896	0.647	0.748	0.693	0.18	0.166	0.232		1	−0.895	0.12	0.405	−0.7	0.998	0.203	−0.702	−0.628	0.233	0.34	−0.089	−0.808	−0.867
10 街网面密度	0.596	0.896	0.647	0.748	0.693	0.082*	0.166	0.232	0.000***		−0.895	0.12	0.405	−0.7	0.998	0.203	−0.702	−0.628	0.233	0.34	−0.089	−0.808	−0.867
11a 全局整合度	0.512	0.678	0.377	0.504	0.969	0.378	0.047**	0.217	0.000***	0.040**		0.286	0.629	−0.133	0.065	0.472	0.596	−0.353	−0.873	0.092	0.882	0.372	0.296
11b 局部整合度	0.323	0.422	0.188	0.58	0.403	0.5	0.49	0.545	0.257	0.257	0.035***		0.009	0.181	−0.678	−0.068	0.48	−0.058	−0.367	−0.896	0.514	−0.292	0.98
12 智能度	0.771	0.974	0.242	0.386	0.343	0.323	0.46	0.281	0.188	0.576	0.143	0.256		0.752	−0.91	0.015	0.904	0.306	−0.64	−0.474	0.422	0.312	0.296
13 选择度	0.667	0.168	0.493	0.537	0.842	0.387	0.6	0.234	0.188	0.887	0.032**	0.831	0.039**		0.208	0.2	0.48	−0.632	0.274	0.318	−0.013	−0.843	0.733
14 空间唯	0.547	0.936	0.643	0.754	0.699	0.185	0.138	0.21	0.032**	0.743	0.981	0.917	0.913	0.208		0.2	0.337	−0.632	−0.407	0.127	0.748	−0.116	−0.887
15 空间占据率	0.497	0.496	0.065*	0.041**	0.000***	0.082*	0.047**	0.222	0.000***	0.000***	0.035***	0.423	0.338	0.747	0.2		0.337	−0.733	−0.407	−0.197	0.759	0.853	−0.145
16 居住空间规模	0.202	0.811	0.188	0.3	0.607	0.803	0.127	0.545	0.187	0.187	0.035***	0.289	0.793	0.413	0.159	0.579		0.204	−0.796	−0.197	−0.214	0.623	0.851
17 建筑高程	0.438	0.231	0.635	0.58	0.448	0.269	0.672	0.649	0.257	0.257	0.616	0.56	0.023**	0.926	0.253	0.448	0.742		0.358	0.411	−0.821	−0.504	0.309
18 建筑坡度	0.506	0.582	0.242	0.354	0.509	0.836	0.209	0.629	0.257	0.257	0.245	0.053*	0.209	0.543	0.656	0.496	0.107	0.554		0.355	0.135	0.021	−0.64
19 建筑空间秩序	0.307	0.698	0.242	0.721	0.778	0.547	0.46	0.281	0.576	0.576	0.42	0.883	0.452	0.983	0.603	0.838	0.751	0.492	0.558		0.829	0.973	−0.502
20 崇拜距离	0.15	0.862	0.116	0.175	0.142	0.398	0.076*	0.325	0.098*	0.098*	0.071*	0.048**	0.375	0.61	0.835	0.146	0.137	0.73	0.089*	0.829		0.45	0.342
21 亲水距离	0.18	0.637	0.678	0.846	0.838	0.377	0.076*	0.325	0.098*	0.098*	0.071*	0.537	0.633	0.262	0.073*	0.853	0.066*	0.262	0.386	0.973	0.45		0.854
22 社交距离	0.597	0.766	0.547	0.7	0.772	0.271	0.012**	0.112	0.057*	0.057*	0.003***	0.628	1	0.159	0.045**	0.816	0.067*	0.614	0.245	0.389	0.573	0.065*	

注：***、**、* 分别代表 1%、5%、10% 的显著性水平。

（下三角矩阵表示显著性水平；上三角矩阵表示相关系数）

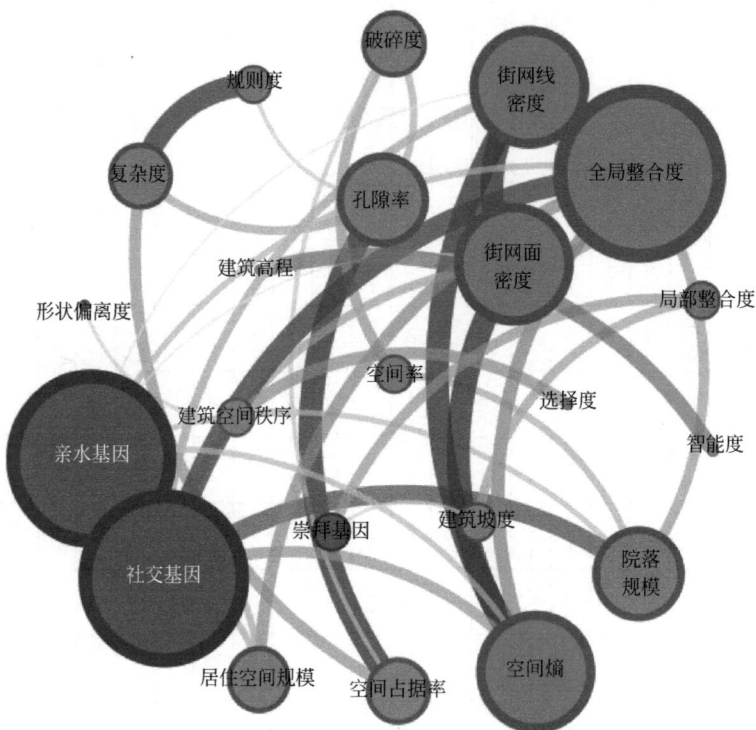

图 5-31　撒拉族村落空间基因序列图谱

5.1.6　保安族村落空间基因信息图谱解析

5.1.6.1　保安族村落空间形态类型图谱解析

保安族村落主要集中在河湟地区黄河流域东段南岸川水台地的平缓地带，生产方式以农耕为主，畜牧业和手工业为辅。作为举族避害外迁而来的族群，保安族村落规模较大，属于典型的"堡寨式"聚落，一座保安寨即是一座城堡寨，保留着亦兵亦农的模式和印记。通过将保安族村落空间基因基础数据和形态表征信息进行叠加，对保安族村落空间形态特征进行挖掘。Wilcoxon 符号秩检验结果显示，保安族村落 2 个样本的空间基因数据的双尾显著性值为 0.951，大于 0.05，结果不显著，因此拒绝原假设，两个村落样本间不存在显著性差异（表 5-6）。从空间形态信息表征库中提取保安族村落 2 个样本的形态表征信息进行对比，样本形态相似率为 70.5%，相似度较高，因此可以将其视为同类型空间形态进行解析，选择大墩村作为代表样本进行保安族村落空间形态图谱研究。

大墩村-甘河滩村 Wilcoxon 符号秩检验结果　　　　　　　　　　表 5-6

检验统计a	
	大墩村-甘河滩村
Z	−0.061b
渐近显著性（双尾）	0.951

a. 威尔科克森符号秩检验；b. 基于正秩。

（1）界域空间基因。保安族村落发展初期以地势为依托、以古堡为基点、以水系分布为纽带，边界空间呈"团状"形态，而后村落逐步向南北两侧延伸，边界轮廓形成现在的带团状表征，并呈现出不规则的凹凸变化，形成锯齿状的边界形态（图 5-32）。

（2）公共空间基因。保安族村落的开放空间系统包括街巷、节点绿化、寺院广场和学校等，这些空间以最简单的物质化形态展示了保安族丰富多彩的生活场景，承载着村民的日常生活需求。其中清真寺依然是保安族穆斯林开展各种宗教和社会活动的重要场所，而村村都有学校（小学）表现出保安族群众对于儿童基础教育的重视。村落各重要街巷节点处均进行局部空间拓展和绿化造景处理，布局灵活自由，尺度宜人。因此，孔隙率基因表现出中规模型的开放空间肌理，破碎度基因则展现出自由型的外部空间风貌特征。村落院落多为"连院"形式，即绝大多数村民都将自家院落与邻家院落相连，每个庭院的房屋都挨在一起，这种房连房、院连院的空间结构有着十分重要的军事防御功能。院落规模占比较大，在所有村落样本中属较高水平。保安族群众在院中多设置厕所、净房、储藏、禽舍等附属功能用房，整体空间利用率表现为中等偏上水平（图 5-33）。

（3）街道空间基因。保安族村落街巷多为村民自行修建，街网随地势走向自然形成，弯曲灵活。村落核心区域主街道以水泥路面为主，相对笔直，街巷系统可达性较好，主要公共节点间连接紧密，街道空间秩序协调统一；但由于建设规模较大，村落边缘非核心区域疏于有效制约和管理，道路规划较为随意，缺乏完整性，致使村落整体街道结构空间秩序较弱，发达程度较低，呈现低密型表征，现状道路交通承载力已趋于饱和（图 5-34）。

（4）建筑空间基因。保安族村落的居住建筑多为土木结构的低矮平房，房院相互连结，错落有序，颇具军事防御特色，一旦遭遇侵犯，不出院门，上了屋顶全村即可迅速联络，也可借别家屋顶进行转移，这种空间形式最大程度上调动了集体的力量，也是保安族内部团结互助的见证。从平面空间来看，村落的建筑空间肌理演化遵循既有的空间营造规则进行，但同时具有一定的随机性与不确定性，匀质且具有差别的空间肌理创造出丰富多变的村落空间风貌。建筑类型多采用"凹"字形庄廓院落，居住空间规模表现为标准民居规格。从竖向空间来看，村落的建筑多修建于缓坡地带，高程基因表现出建筑随高程变化呈现竖向分层的显著规律。从建筑空间秩序来看，村落整体呈现中秩型空间风貌特征，村落核心区域建筑排列相对有序，而村落外围的新建建筑则更多呈现自由布局状态（图5-35）。

（5）特色空间基因。从崇拜基因来看，保安族作为全民信仰伊斯兰教的少数民族，清真寺同样是保安族群众信仰文化的重要载体，是其村落必不可少的核心建筑。同回族和撒拉族村落一样，保安族村落的清真寺与居住建筑构成空间关系密切的近功修型空间格局。

从亲水基因来看，保安族的水文化除了受到伊斯兰文化用水行为规定的指导外，还深受民族发展过程中相关遭遇的影响。保安族因旧时长期对水资源的争夺而与周边民族发生矛盾，包括最后被迫举族迁徙也是由于水资源矛盾。故而保安族先民在建村选址时，首重易于躲藏之利，次选水资源丰富、但又不逐水之地，以图与邻和睦，长期共处，避免历史重演。因此，保安族村落与三级河流相近，且与河流在空间关系上表现出疏水型特质，但纵贯全村修建多条水渠引水入村，以满足村民浇灌农田和日常生活的用水需求。

作为"一主多元"的"族源村落"，在共同防御原则的指导下，其村落个体间联系紧密，但大规模的院落占比拉大了建筑间距，从社交基因来看，表现出"较亲密"的含蓄型空间特征（图5-36）。

以上五图可扫码观看高清图。

扫码观看
图5-32～图5-36

5.1.6.2　保安族村落空间基因序列图谱解析

采用Pearson相关系数对保安族村落空间基因之间的相关性进行统计分析，结果见表5-7。

根据保安族村落空间基因相关性分析结果，通过Gephi软件生成保安族村落空间基因序列图谱（图5-37）。在保安族村落空间基因序列图谱中，反映出决定其空间形态特征的核心基因包括形状偏离度、规则度、局部整合度、街网线密度、街网面密度、建筑坡度、空间占据率、居住空间规模等。

从空间基因序列整体结构关联来看，保安族村落空间形态界域基因、街道基因和建筑基因之间关联紧密。村落受地形地貌条件限制较低，村民在自身需求和共同防御意识的共同驱动下进行村落空间环境营造，同时受到既有族约规定和建造经验的指导，呈现出"大相似-小差异"的空间形态特征，在空间结构上也表现出整体匀质、局部差异的肌理特征。整体而言，保安族村落的核心空间基因序列结构模式在界域空间、街道空间与建筑空间的协同营建中表现出均衡特质，反映其严谨的社会组织结构。

表5-7

保安族村落空间基因相关性矩阵

空间基因	1	2	3	4	5	6	7	8	9	10	11a	11b	12	13	14	15	16	17	18	19	20	21	22
1 长宽比		0.936	0.915	0.954	0.974	0.956	0.966	1	0.875	0.875	0.771	0.916	0.964	0.81	0.999	0.91	0.87	0.963	0.881	0.607	0.954	0.979	0.987
2 形块偏向度	0.229		0.998	0.998	0.991	0.998	0.812	0.926	0.989	0.989	0.946	0.999	0.809	0.964	0.95	0.998	0.988	0.996	0.991	0.848	0.787	0.844	0.98
3 规则度	0.265	0.035**		0.994	0.982	0.993	0.779	0.903	0.996	0.996	0.963	1	0.775	0.978	0.931	1	0.995	0.99	0.997	0.876	0.752	0.813	0.968
4 复杂度	0.194	0.035**	0.070*		0.997	1	0.843	0.945	0.98	0.98	0.927	0.994	0.84	0.949	0.966	0.993	0.978	0.999	0.982	0.818	0.82	0.872	0.99
5 孔隙率	0.144	0.085*	0.12	0.050*		0.997	0.883	-0.968	0.961	0.961	0.894	0.983	0.88	0.921	0.983	0.98	0.959	0.999	0.965	0.77	0.862	0.908	0.998
6 破碎度	0.19	0.039**	0.075**	0.005**	0.046**		0.847	0.947	0.979	0.979	0.924	0.993	0.844	0.946	0.968	0.992	0.976	1	0.981	0.814	0.824	0.876	0.991
7 院落规模	0.167	0.396	0.432	0.361	0.311	0.357		0.973	0.719	0.719	0.579	0.781	1	0.63	0.954	0.772	0.712	0.861	0.728	0.38	0.999	0.998	0.912
8 空间率	0.018**	0.247	0.282	0.212	0.162	0.208	0.149		0.34	0.34	0.753	0.905	0.971	0.793	0.997	0.899	0.856	0.956	0.867	0.585	0.962	0.984	0.982
9 街网线密度	0.322	0.093*	0.057*	0.128	0.178	0.132	0.489	0.34		1	0.983	0.996	0.715	0.993	0.895	0.997	0.995	0.973	1	0.916	0.69	0.758	0.941
10 街网面密度	0.322	0.093*	0.057*	0.128	0.178	0.132	0.489	0.34	0.000***		0.983	0.996	0.715	0.993	0.895	0.997	0.995	0.973	1	0.916	0.69	0.758	0.941
11a 全局整合度	0.44	0.21	0.175	0.245	0.295	0.25	0.607	0.753	0.983	0.983		0.962	0.574	0.998	0.798	0.965	0.985	0.913	0.981	0.974	0.545	0.625	0.863
11b 局部整合度	0.263	0.034**	0.002***	0.068*	0.118	0.073*	0.43	0.28	0.059*	0.059*	0.177		0.777	0.977	0.933	1	0.995	0.99	0.997	0.875	0.754	0.815	0.968
12 智能度	0.171	0.4	0.436	0.365	0.315	0.361	0.004***	0.153	0.493	0.493	0.611	0.434		0.625	0.952	0.768	0.708	0.858	0.724	0.374	0.999	0.998	0.909
13 选择度	0.399	0.17	0.135	0.205	0.255	0.21	0.566	0.417	0.078*	0.078*	0.040**	0.137	0.57		0.834	0.98	0.994	0.937	0.991	0.958	0.597	0.673	0.893
14 空间熵	0.028**	0.202	0.237	0.167	0.117	0.162	0.195	0.045**	0.294	0.294	0.412	0.235	0.199	0.372		0.928	0.891	0.974	0.901	0.641	0.94	0.969	0.993
15 居住空间占地率	0.271	0.042**	0.007**	0.077**	0.127	0.082*	0.438	0.289	0.050*	0.050*	0.168	0.009***	0.442	0.128	0.244		0.996	0.988	0.998	0.881	0.745	0.807	0.965
16 居住空间规模	0.328	0.099*	0.064*	0.134	0.184	0.138	0.495	0.346	0.006***	0.006***	0.111	0.066*	0.499	0.071*	0.301	0.057*		0.97	1	0.92	0.682	0.751	0.938
17 建筑高程	0.173	0.056*	0.092*	0.022**	0.029**	0.017**	0.34	0.191	0.149	0.149	0.267	0.090*	0.344	0.227	0.145	0.099*	0.155		0.976	0.798	0.839	0.888	0.994
18 建筑坡度	0.314	0.085*	0.049*	0.12	0.17	0.124	0.481	0.332	0.008***	0.008***	0.126	0.051*	0.485	0.086*	0.286	0.042**	0.014**	0.976		0.911	0.699	0.766	0.945
19 建筑空间秩序	0.585	0.355	0.32	0.39	0.44	0.395	0.752	0.602	0.263	0.263	0.145	0.322	0.756	0.185	0.557	0.313	0.256	0.412	0.271		0.341	0.432	0.726
20 崇拜距离	0.194	0.423	0.458	0.388	0.338	0.383	0.027**	0.176	0.515	0.515	0.633	0.456	0.023**	0.593	0.221	0.465	0.522	0.366	0.507	0.778		0.995	0.894
21 亲水距离	0.131	0.36	0.396	0.325	0.275	0.321	0.036**	0.113	0.453	0.453	0.571	0.394	0.040**	0.53	0.159	0.402	0.459	0.304	0.445	0.716	0.063*		0.934
22 社交距离	0.102	0.127	0.163	0.092**	0.042**	0.088**	0.269	0.12	0.22	0.22	0.337	0.161	0.273	0.297	0.075*	0.169	0.226	0.071*	0.212	0.483	0.296	0.233	

（下三角矩阵表示显著性水平；上三角矩阵表示相关系数）

注：***、**、* 分别代表 1%、5%、10%的显著性水平。

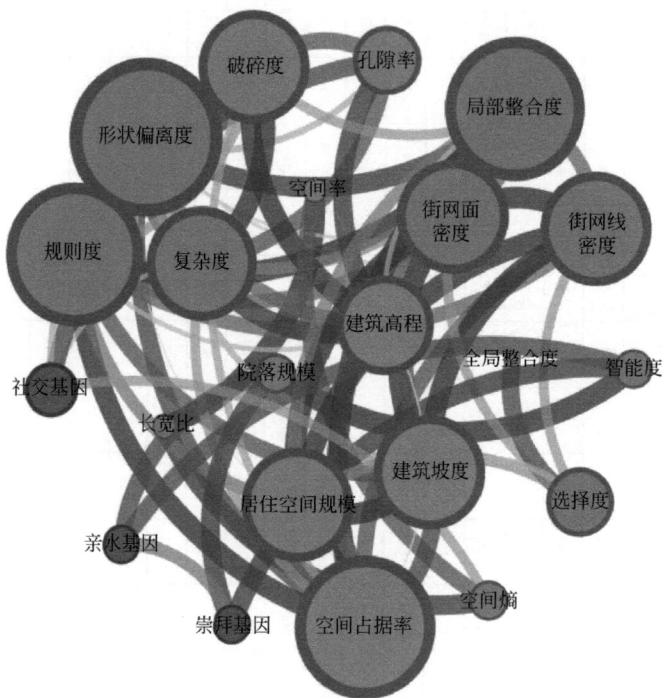

图 5-37　保安族村落空间基因序列图谱

5.2 河湟地区传统村落空间形态差异性研究

世界范围的人类栖居地及建筑类型主要以地域和民族体系划分。如中国民族建筑、日本民族建筑，俄罗斯民族建筑，马来西亚民族建筑，印度尼西亚民族建筑、沙特阿拉伯民族建筑，伊朗民族建筑、西班牙民族建筑，英国民族建筑等。中国范围的民族栖居地通常是指少数民族聚居地区，如新疆维吾尔族地区、哈萨克族地区，西藏、青海藏族地区，吉林朝鲜族地区，云南白族、藏族、纳西族、傣族、彝族……地区等。地域性和民族性是民族聚居空间的两个根本属性。就民族栖居地的空间形态而言，其地域性影响主要表现在相同或相似的外部环境对空间结构的制约；其民族性特征主要体现在不同的信仰文化和民族习俗在空间肌理的诠释。多民族共生的河湟谷地因为流域环境多变和民族构成复杂，形成了丰富多彩的聚居文化。本书从"同一流域不同民族的村落"和"不同流域同一信仰的村落"两个维度对河湟地区传统村落空间形态的差异性进行梳理。

本书通过多独立样本 Kruskal-Wallis 非参数检验法分别对属于上述两个维度的村落样本空间基因量化数据进行差异性分析，根据分析结果获得各传统村落形态存在显著差异的关键空间基因，以此作为空间基因差异性识别的依据，将结果通过箱线图呈现并进行分析研究。

5.2.1 同一流域不同民族的村落差异性比较

"同一流域"特指河湟地区地理区位毗邻黄河流域及其支流的传统村落和湟水流域及其支流的传统村落，村落彼此间具有相近的自然资源和生态环境。"不同民族"指河湟地区不同民族属性的少数民族群体，他们是各自具有共同信仰、语言、文化、经济、历史记忆、心理素质的族群共同体。同时满足"同一流域"和"不同民族"条件的村落，其村落空间形态是表现出更多的地域相似性还是民族差异性，即为本研究所探析的"同一流域不同民族的村落"差异。

5.2.1.1 黄河流域藏族村落、撒拉族村落和保安族村落的差异

河湟地区分布在黄河流域的传统村落主要是藏族村落、撒拉族村落和保安族村落，通过对这 3 个不同传统村落样本的空间基因量化数据进行 Kruskal-Wallis 非参数检验，结果见表 5-8。

黄河流域传统村落 Kruskal-Wallis 非参数检验结果　　　　表 5-8

空间基因	统计量	P	Cohen's f 值
长宽比基因	1.633	0.442	0.144
形状偏离度基因	3.387	0.184	0.257
规则度基因	6.216	0.045**	0.239
复杂度基因	3.793	0.15	0.232
孔隙率基因	4.465	0.107	0.316
破碎度基因	4.805	0.090*	0.353
院落规模基因	4.36	0.113	0.442
空间率基因	2.848	0.241	0.29
街网线密度基因	0.625	0.732	0.173
街网面密度基因	0.625	0.732	0.173
全局整合度基因	1.54	0.463	0.185
局部整合度基因	4.805	0.090*	0.403
选择度基因	7.391	0.025**	0.784
智能度基因	1.84	0.399	0.161
空间熵基因	2.787	0.248	0.219
空间占据率基因	3.616	0.164	0.283
居住空间规模基因	1.444	0.486	0.165
建筑高程基因	10.16	0.006***	0.422

续表

空间基因	统计量	P	Cohen's f 值
建筑坡度基因	1.444	0.486	0.187
建筑空间秩序基因	4.348	0.114	0.242
崇拜基因	8.742	0.013**	0.239
亲水基因	5.164	0.076*	0.392
社交基因	5.654	0.059*	0.29

注：***、**、*分别代表1%、5%、10%的显著性水平；Cohen's f 值：表示效应量大小，效应量小、中、大的区分临界点分别是0.1、0.25和0.40。

由分析结果可知，黄河流域3个不同民族的村落在规则度、破碎度、局部整合度、选择度、建筑高程、崇拜基因、亲水基因和社交基因等8个空间基因上存在显著差异，对藏族村落、撒拉族村落和保安族村落的空间结构和空间形态具有显著性影响，其余空间基因在黄河流域不同传统村落中呈现均匀质地，空间形态表现出近似肌理特征。因此，选取上述8个空间基因作为对黄河流域藏族村落、撒拉族村落和保安族村落差异性分析的关键空间基因（图5-38）。

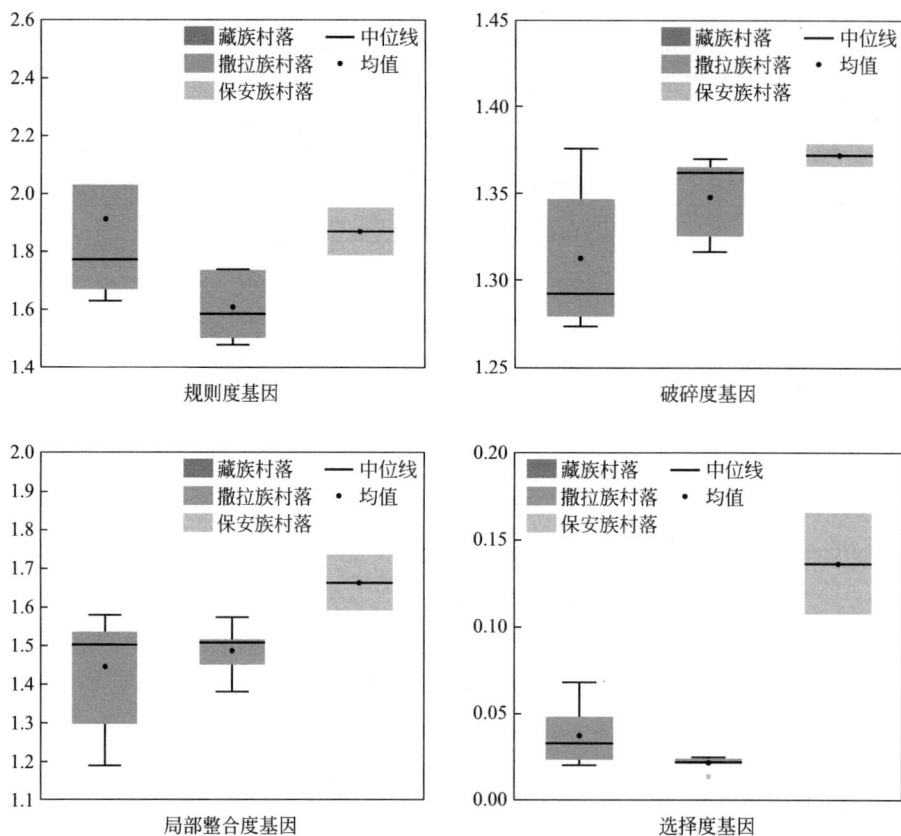

图5-38 黄河流域藏族、撒拉族和保安族村落空间基因差异性对比
（从左至右-上：规则度、破碎度、局部整合度、选择度）（一）

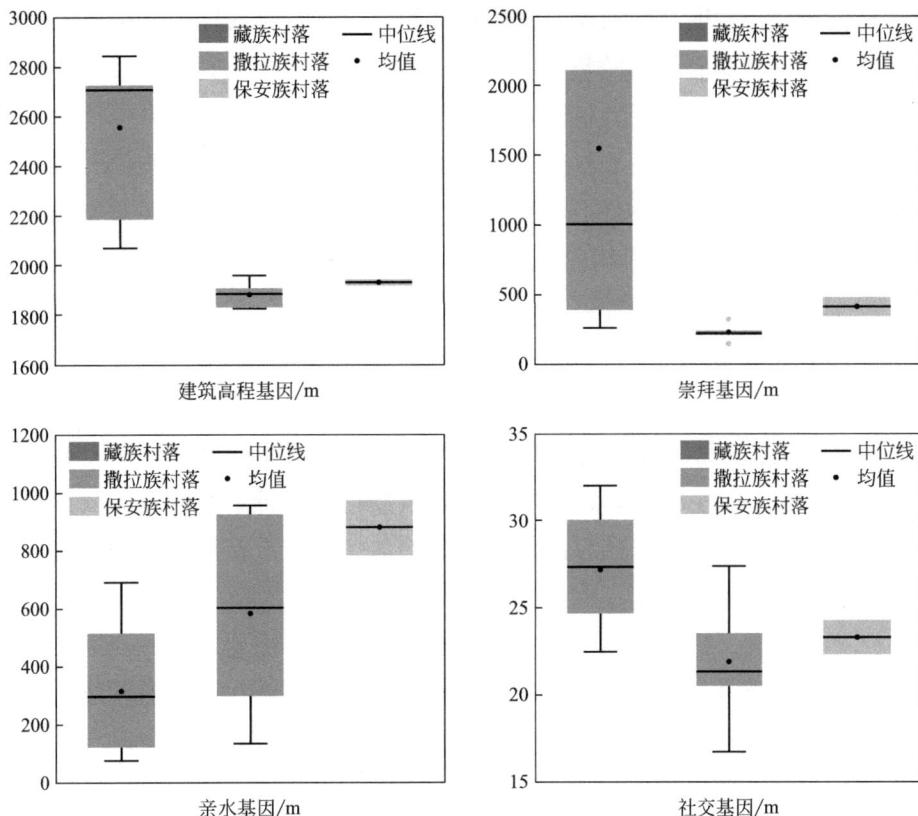

图 5-38 黄河流域藏族、撒拉族和保安族村落空间基因差异性对比
（从左至右-下：建筑高程、崇拜基因、亲水基因、社交基因）（二）

（1）规则度差异。规则度属于界域空间基因，与村落界域空间形态的规则程度呈负相关。规则度基因 P 值为 $0.045 < 0.05$，说明藏族村落、撒拉族村落和保安族村落的规则度在 5% 水平上存在显著差异；其效应量 Cohen's f 值为 0.239，整体表现为小幅度差异。从规则度箱线图可知，保安族村落规则度的中位数高于藏族村落，但由于藏族村落的规则度量化数据存在 1 个异常高值，拉高了平均值，致使保安族村落的规则度平均值低于藏族村落；同时，藏族村落的中位数偏离四分位数间距的中心位置位于箱体偏下位置，说明藏族村落规则度的较小值居多。因此，整体而言，保安族村落的规则度高于藏族村落，高幅较小。撒拉族村落规则度的中位数和平均值都处于最低位置，且相较保安族村落和藏族村落低幅明显。说明在黄河流域撒拉族村落的边界空间形态最简单规则，由于保安族村落和藏族村落边缘缺乏约束与监管，在边界空间形态上表现出强烈的不规则性，环境卫生、安全治安等边界效应也较显著。

（2）破碎度差异。破碎度属于公共空间基因，与村落公共空间形态的相似性呈负相关。破碎度基因 P 值为 $0.090 < 0.1$，说明藏族村落、撒拉族村落和保安族村落的破碎度在 10% 水平上存在显著差异；其效应量 Cohen's f 值为 0.353，整体表现为中等幅度差异。从破碎度箱线图可知，保安族村落和撒拉族村落破碎度的中位数和平均值较

高，藏族村落最低。说明在黄河流域藏族村落的开放空间形态与布局方式呈现相似性，与村民日常活动习惯具有较高的契合度。保安族村落和撒拉族村落开放性空间差异性明显，从实地调研中发现，当地村民倾向于在街巷节点的小规模公共空间和清真寺内开展交往活动，有些村落在新农村建设和乡村振兴建设中新建的大规模公共开放空间过于空旷、景观配置单一、热舒适体验差、活动设施荒废等，与村民日常活动习惯和主观需求相悖，认可度与使用率偏低。

（3）局部整合度差异。局部整合度属于街道空间基因，与村落街巷局部空间系统的可达性和公共性呈正相关。局部整合度基因 P 值为 $0.090 < 0.1$，说明藏族村落、撒拉族村落和保安族村落的局部整合度在 10％水平上存在显著差异；其效应量 $Cohen's\ f$ 值为 0.403，整体表现为大幅度差异。从局部整合度箱线图可知，保安族村落局部整合度的中位数和平均值最高，藏族村落和撒拉族村落较低，且相较保安族村落差异性较大。说明在黄河流域保安族村落街巷系统的各公共节点在局部空间范围内可行性的便捷程度和吸引力水平要优于藏族村落和撒拉族村落。

（4）选择度差异。选择度属于街道空间基因，与村落街巷系统的交通活性和承载水平呈正相关。选择度基因 P 值为 $0.025 < 0.05$，说明藏族村落、撒拉族村落和保安族村落的选择度在 5％水平上存在显著差异；其效应量 $Cohen's\ f$ 值为 0.784，整体表现为大幅度差异。从选择度箱线图可知，保安族村落选择度的中位数和平均值最高，其次是藏族和撒拉族村落，且保安族村落显著高于其余二者。说明在黄河流域保安族村落街巷空间的穿行活性和交通潜力明显优于藏族村落和撒拉族村落。

（5）建筑高程差异。建筑高程属于建筑空间基因，反映村落界域范围内的建筑基于高程的分布规律。建筑高程基因 P 值为 $0.006 < 0.01$，说明藏族村落、撒拉族村落和保安族村落的建筑高程在 1％水平上存在显著差异；其效应量 $Cohen's\ f$ 值为 0.422，整体表现为大幅度差异。村落建筑随高程变化的分布规律情况在前文已有论述，从建筑高程箱线图可知，藏族村落建筑高程的中位数和平均值显著高于撒拉族和保安族村落。说明黄河流域藏族村落更倾向于在海拔高位营建村落和建筑，一方面是自然条件更接近青藏高原的藏族传统生存环境，另一方面则反映了藏族群众向往最接近天空的地方，以表达对天神和天体的崇拜。

（6）崇拜基因差异。崇拜基因属于特色空间基因，反映村落宗教建筑的吸引力水平和影响范围大小，与居住建筑和宗教建筑间的距离呈负相关。崇拜基因 P 值为 $0.013 < 0.05$，说明藏族村落、撒拉族村落和保安族村落的崇拜基因在 5％水平上存在显著差异；其效应量 $Cohen's\ f$ 值为 0.784，整体表现为大幅度差异。从崇拜基因箱线图可知，藏族村落崇拜基因的中位数和平均值显著高于撒拉族和保安族村落。说明同撒拉族村落、保安族村落的居住建筑与清真寺间距离相比，黄河流域藏族村落的居住建筑与佛教寺院间的距离要远得多，也间接展现了藏传佛教的"出世观"和伊斯兰教

的"入世性"。

（7）亲水基因差异。亲水基因属于特色空间基因，反映村落居住建筑与邻近水空间的亲密程度，与居住建筑和河流斑块的距离呈负相关。亲水基因 P 值为 0.076＜0.1，说明藏族村落、撒拉族村落和保安族村落的亲水基因在 10% 水平上存在显著差异；其效应量 Cohen's f 值为 0.392，整体表现为中等幅度差异。从亲水基因箱线图可知，保安族村落亲水基因的中位数和平均值最高，其次是撒拉族村落，藏族村落最低。说明黄河流域藏族村落的居住建筑与水空间在距离上表现最为亲密，其次是撒拉族村落，而和撒拉族村落同处川水地带的保安族村落则表现出明显的疏水表征。

（8）社交基因差异。社交基因属于特色空间基因，反映村落居民间彼此相互接纳的水平和交往的密切程度，与村落居住建筑间的距离呈负相关。社交基因 P 值为 0.059＜0.1，说明藏族村落、撒拉族村落和保安族村落的社交基因在 10% 水平上存在显著差异；其效应量 Cohen's f 值为 0.29，整体表现为中等幅度差异。从社交基因箱线图可知，藏族村落社交基因的中位数和平均值最高，其次是保安族村落，撒拉族村落最低。说明黄河流域撒拉族村落的居住建筑间距离最近，在交往距离和空间上表现最为密切，其次是保安族村落，藏族村落居住建筑间距离最远。

5.2.1.2　湟水流域回族村落和土族村落的差异

河湟地区分布在湟水流域的传统村落主要是回族村落和土族村落，通过对这 2 个不同传统村落样本的空间基因量化数据进行 Kruskal-Wallis 非参数检验，结果见表 5-9。

湟水流域传统村落 Kruskal-Wallis 非参数检验结果			表 5-9
空间基因	统计量	P	Cohen's f 值
长宽比基因	0.214	0.643	0.179
形状偏离度基因	0.214	0.643	0.349
规则度基因	0.214	0.643	0.375
复杂度基因	0.214	0.643	0.364
孔隙率基因	3.429	0.064*	0.516
破碎度基因	3.429	0.064*	0.706
院落规模基因	3.429	0.064*	0.673
空间率基因	0	1	0.324
街网线密度基因	0.214	0.643	0.288
街网面密度基因	0.214	0.643	0.288
全局整合度基因	0	1	0.029
局部整合度基因	0.214	0.643	0.003
选择度基因	0.214	0.643	0.05
智能度基因	0	1	0.223
空间熵基因	0	1	0.085

空间基因	统计量	P	Cohen's f 值
空间占据率基因	3.429	0.064*	0.51
居住空间规模基因	0	1	0.151
建筑高程基因	0.214	0.643	0.128
建筑坡度基因	0	1	0.223
建筑空间秩序基因	0.214	0.643	0.206
崇拜基因	0.214	0.643	0.16
亲水基因	1.929	0.165	0.39
社交基因	0	1.000	0.016

注：***、**、*分别代表1%、5%、10%的显著性水平；Cohen's f 值：表示效应量大小，效应量小、中、大的区分临界点分别是0.1、0.25和0.40。

由分析结果可知，湟水流域2个不同民族的村落样本在孔隙率、破碎度、院落规模和空间占据率等4个空间基因上存在显著差异，对回族村落和土族村落的空间结构和空间形态具有显著性影响，其余基因在湟水流域不同传统村落中呈现均匀质地，空间形态表现出近似肌理特征。因此，选取上述4个空间基因作为湟水流域回族村落和土族村落差异性分析的关键空间基因（图5-39）。

（1）孔隙率差异。孔隙率属于公共空间基因，与村落开放空间形态的疏密程度呈正相关。孔隙率基因 P 值为0.064<0.1，说明回族村落和土族村落的孔隙率在10%水平上存在显著差异；其效应量 Cohen's f 值为0.516，整体表现为大幅度差异。从孔隙率箱线图可知，土族村落孔隙率的中位数和平均值远高于回族村落。说明湟水流域土族村落的开放空间可为村民提供多样的室外公共空间场地，更具营造发达交往空间的潜力。从实地调研中发现，土族村落具有街巷空间、公共绿地、活动广场、交往空间等丰富的开放空间类型，而回族村落开放空间规模占比较小，空间类型单一，空间形态简单乏味，空间氛围缺少吸引力。

（2）破碎度差异。破碎度属于公共空间基因，与村落公共空间形态的相似性呈负相关。破碎度基因 P 值为0.064<0.1，说明回族村落和土族村落的破碎度在10%水平上存在显著差异；其效应量 Cohen's f 值为0.706，整体表现为大幅度差异。从破碎度箱线图可知，回族村落破碎度的中位数和平均值较高，土族村落较低。说明湟水流域回族村落间的开放性空间表现出明显的差异性，在回族村落营建上，"近郊"和"远郊"区位选择是导致这一差异的主要原因，土族村落的开放空间形态与布局方式呈现相似性，与村民日常活动习惯具有较高的契合度。

（3）院落规模差异。院落规模属于公共空间基因，反映村落院落面积集合的中位数水平。院落规模基因 P 值为0.064<0.1，说明回族村落和土族村落的院落规模在10%水平上存在显著差异；其效应量 Cohen's f 值为0.673，整体表现为大幅度差异。从院落规模箱线图可知，回族村落院落规模的中位数和平均值较高，土族村落较低。

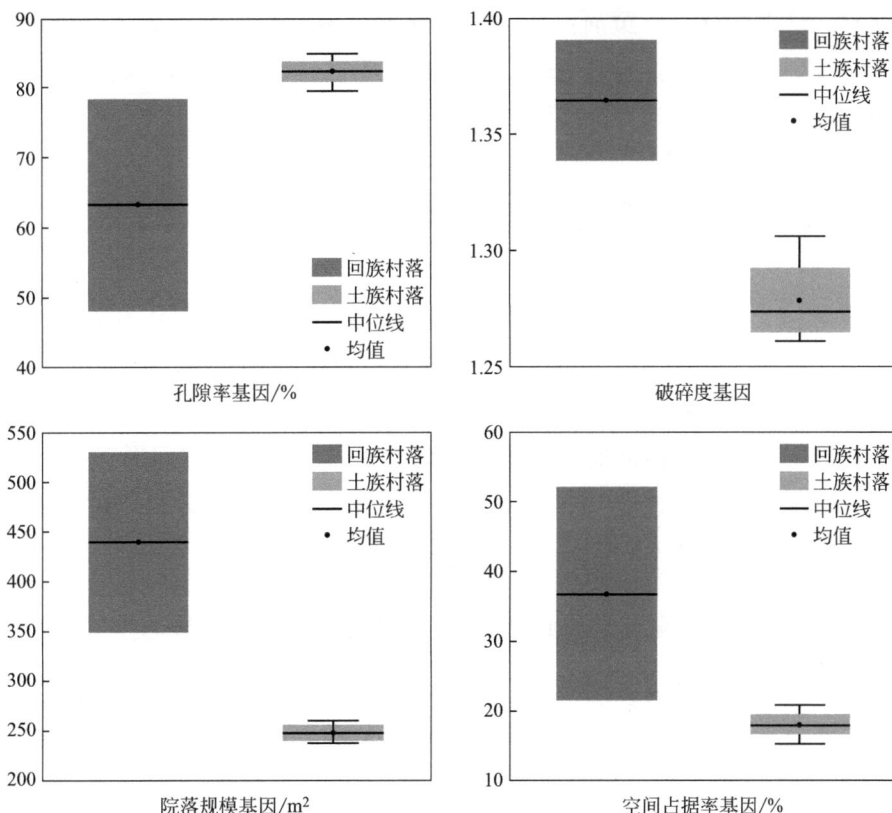

图 5-39　湟水流域回族和土族村落空间基因差异性对比

（从左至右：孔隙率、破碎度、院落规模、空间占据率）

说明湟水流域回族村落的院落面积远大于土族村落。实地走访发现，当地回族村民普遍表现出对大院落的认可和追求，但过大的院落规模在空间利用上多存在杂乱无章的弊端。

（4）空间占据率差异。空间占据率属于建筑空间基因，通过建筑密度反映村落建成环境的紧密程度，与村落空间的结构化程度呈负相关。空间占据率基因 P 值为 $0.064 < 0.1$，说明回族村落和土族村落的空间占据率在 10％水平上存在显著差异；其效应量 Cohen's f 值为 0.51，整体表现为大幅度差异。从空间占据率箱线图可知，回族村落空间占据率的中位数和平均值远大于土族村落。说明湟水流域回族村落的建筑密度和结构化程度显著高于土族村落。低密度的村落空间能保证自然环境与人工环境的充分结合，提升空气质量和景观质量，营造出相对轻松的生活氛围。实地走访发现，回族村落建筑密度较高，村落空间容易令人产生拥挤感和疲劳感；土族村落整体建筑密度适中，带给人更好的空间体验和环境感受，但局部过于疏松的空间肌理会给村民间的交往活动造成空间阻隔。

由此可以看出，河湟地区同处黄河流域的不同传统村落在界域空间、公共空间、街道空间、建筑空间和特色空间基因上均表现出一定程度的差异性，特色空间基因的差异性尤为显著；同处湟水流域的不同传统村落仅在公共空间和建筑空间基因体现出形态的互异。这表明分布于黄河流域不同民族的村落空间形态更多地受到民族族源、历史传统以及宗教信仰的影响，呈现较显著的民族差异性；位于湟水流域不同民族的村落空间特征则反映出受到外部环境制约而更多地表现出地域适应性。

5.2.2 不同流域同一信仰的村落差异性比较

"不同流域"特指河湟地区的黄河流域及其支流和湟水流域及其支流，两大流域的自然资源和生态环境具有一定差异性。"同一信仰"指河湟地区具有共同信仰文化的少数民族族群，分别是信仰藏传佛教的藏族和土族族群；信仰伊斯兰教的回族、撒拉族和保安族族群。具有共同信仰的民族在不同流域栖居，其村落空间形态是呈现出相同信仰文化影响下的"趋同效应"，还是受地域环境影响表现出更多的"在地性"风貌特征，即为本研究探讨的"不同流域同一信仰的村落"差异。

5.2.2.1 共同信仰藏传佛教的藏族村落和土族村落的差异

河湟地区具有藏传佛教共同信仰的藏族村落主要分布黄河流域及其支流，土族村落主要分布在湟水流域及其支流，通过对这 2 个不同传统村落样本的空间基因量化数据进行 Kruskal-Wallis 非参数检验，结果见表 5-10。

信仰藏传佛教的传统村落 Kruskal-Wallis 非参数检验结果　　　　　　　　表 5-10

空间基因	统计量	P	Cohen's f 值
长宽比基因	0.321	0.571	0.099
形状偏离度基因	0.571	0.45	0.137
规则度基因	0.036	0.85	0.133
复杂度基因	0.143	0.705	0.158
孔隙率基因	1.286	0.257	0.185
破碎度基因	2.893	0.089[*]	0.224
院落规模基因	0.036	0.85	0.061
空间率基因	0.143	0.705	0.005
街网线密度基因	1.75	0.186	0.19
街网面密度基因	1.75	0.186	0.19
全局整合度基因	0.571	0.45	0.172
局部整合度基因	0.571	0.45	0.082
选择度基因	0.321	0.571	0.172
智能度基因	2.286	0.131	0.205
空间熵基因	1.286	0.257	0.149
空间占据率基因	1.75	0.186	0.204
居住空间规模基因	3.571	0.059[*]	0.265

空间基因	统计量	P	$Cohen's\ f$ 值
建筑高程基因	0.143	0.705	0.004
建筑坡度基因	1.286	0.257	0.168
建筑空间秩序基因	0	1	0.003
崇拜基因	3.571	0.059*	0.203
亲水基因	2.286	0.131	0.239
社交基因	1.75	0.186	0.204

注：***、**、*分别代表1%、5%、10%的显著性水平；$Cohen's\ f$ 值：表示效应量大小，效应量小、中、大的区分临界点分别是0.1、0.25和0.40。

　　由分析结果可知，不同流域具有共同藏传佛教信仰的2个民族的村落样本在破碎度、居住空间规模和崇拜距离等3个空间基因上存在显著差异，对藏族村落和土族村落的空间结构和空间形态具有显著性影响，其余基因在信仰藏传佛教的传统村落中呈现均匀质地，空间形态表现出近似肌理特征。因此，选取上述3个空间基因作为对黄河流域和湟水流域信仰藏传佛教的传统村落差异性分析的关键空间基因（图5-40）。

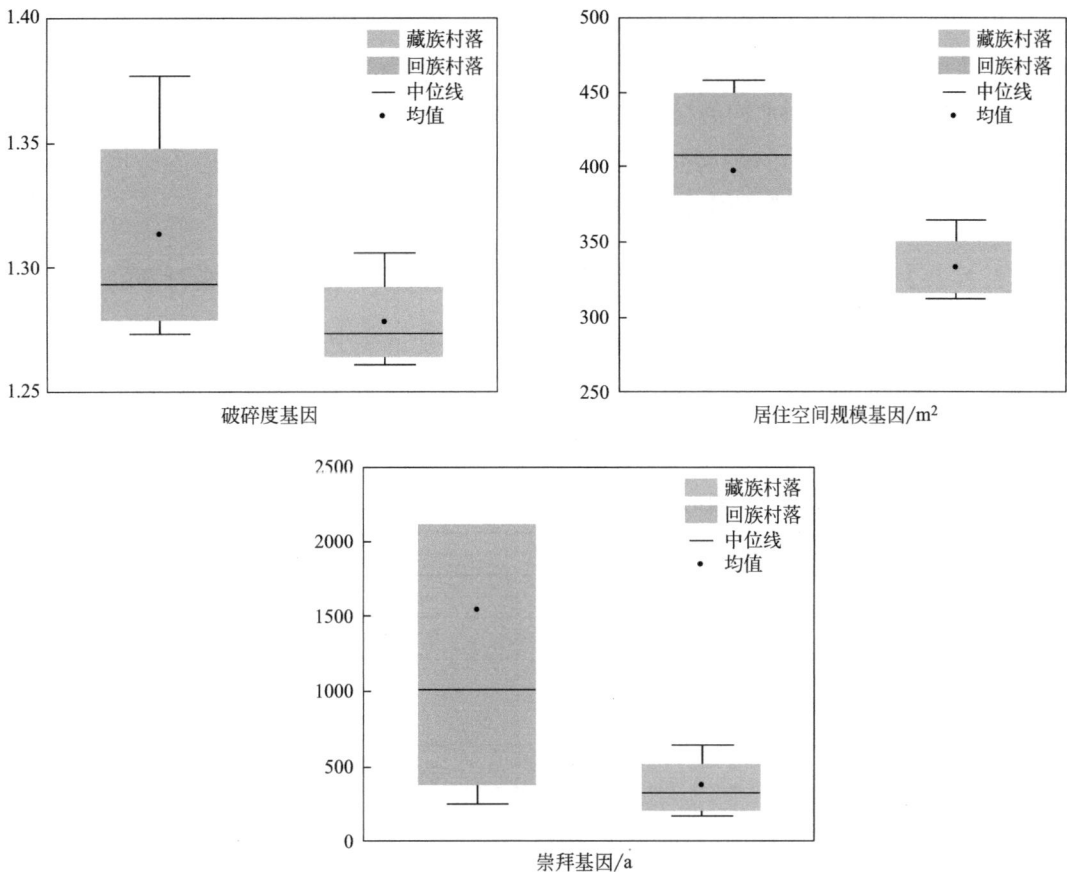

图5-40　信仰藏传佛教的藏族和土族村落空间基因差异性对比
（从左至右：破碎度、居住空间规模、崇拜距离）

（1）破碎度差异。破碎度属于公共空间基因，与村落公共空间形态的相似性呈负相关。破碎度基因 P 值为 $0.089<0.1$，说明藏族村落和土族村落的破碎度在 10% 水平上存在显著差异；其效应量 Cohen's f 值为 0.224，整体表现为小幅度差异。从破碎度箱线图可知，藏族村落破碎度的中位数和平均值较高，土族村落较低。说明共同信仰藏传佛教的藏族村落和土族村落在开放空间结构上呈现一定差异，藏族村落开放空间系统中的局部形态更为多样化，且表现出强烈的地域适应性；土族村落的开放空间形态与布局方式更具相似性，与村民日常活动习惯具有较高的契合度。

（2）居住空间规模差异。居住空间规模属于建筑空间基因，反映村落居住建筑面积的中位数和整体建设水平。居住空间规模基因 P 值为 $0.059<0.1$，说明藏族村落和土族村落的居住空间规模在 10% 水平上存在显著差异；其效应量 Cohen's f 值为 0.265，整体表现为中等幅度差异。从居住空间规模箱线图可知，藏族村落居住空间规模的中位数和平均值显著高于土族村落。说明藏族村落的住宅面积普遍大于土族村落。

（3）崇拜基因差异。崇拜基因属于特色空间基因，反映村落宗教建筑的吸引力水平和影响范围大小，与居住建筑和宗教建筑间的距离呈负相关。崇拜基因 P 值为 $0.059<0.1$，说明藏族村落和土族村落的崇拜基因在 10% 水平上存在显著差异；其效应量 Cohen's f 值为 0.203，整体表现为小幅度差异。从崇拜基因箱线图可知，藏族村落崇拜基因的中位数和平均值显著高于土族村落。说明与土族村落相比，藏族村落的居住建筑与佛教寺院间的距离要远得多。土族村落的佛教寺院多在村落的核心位置，居住建筑呈"围寺而居"的空间格局。

5.2.2.2　共同信仰伊斯兰教的回族村落、撒拉族村落和保安族村落的差异

河湟地区具有伊斯兰教共同信仰的回族村落主要分布在湟水流域及其支流，撒拉族村落和保安族村落主要分布黄河流域及其支流，通过对这 3 个不同传统村落样本的空间基因量化数据进行 Kruskal-Wallis 非参数检验，结果见表 5-11。

藏传佛教的传统村落 Kruskal-Wallis 非参数检验结果　　　　表 5-11

空间基因	统计量	P	Cohen's f 值
长宽比基因	1.533	0.465	0.291
形状偏离度基因	2.293	0.318	0.392
规则度基因	3.973	0.137	0.459
复杂度基因	2.16	0.34	0.473
孔隙率基因	0	1	0.103
破碎度基因	2.293	0.318	0.287
院落规模基因	3.973	0.137	0.407
空间率基因	2.293	0.318	0.32
街网线密度基因	0.24	0.887	0.194

空间基因	统计量	P	Cohen's f 值
街网面密度基因	0.24	0.887	0.194
全局整合度基因	0.093	0.954	0.061
局部整合度基因	3.133	0.209	0.384
选择度基因	4.2	0.122	0.677
智能度基因	0.093	0.954	0.082
空间熵基因	1.493	0.474	0.207
空间占据率基因	0.093	0.954	0.086
居住空间规模基因	0	1	0.063
建筑高程基因	5.04	0.080 *	0.841
建筑坡度基因	0.573	0.751	0.184
建筑空间秩序基因	3.773	0.152	0.479
崇拜基因	3.36	0.186	0.533
亲水基因	2.16	0.34	0.324
社交基因	1.093	0.579	0.244

注：***、**、* 分别代表1％、5％、10％的显著性水平；Cohen's f 值：表示效应量大小，效应量小、中、大的区分临界点分别是 0.1、0.25 和 0.40。

　　由分析结果可知，不同流域具有共同伊斯兰教信仰的 3 个民族的村落样本仅在建筑高程基因上存在显著差异，其余基因在信仰伊斯兰教的传统村落中呈现均匀质地，空间形态表现出近似肌理特征。因此，选取建筑高程基因作为对黄河流域和湟水流域信仰伊斯兰教的回族、撒拉族和保安族村落差异性分析的关键空间基因（图 5-41）。

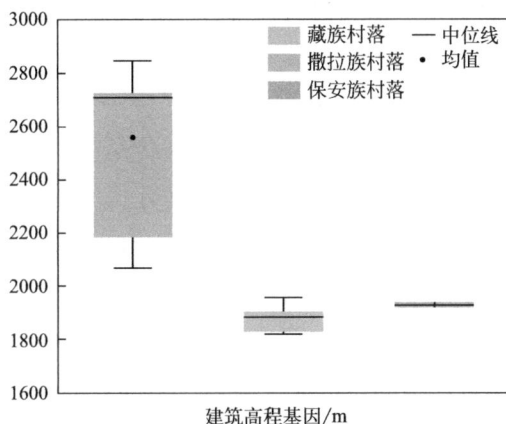

图 5-41　信仰伊斯兰教的回族、撒拉族和
保安族村落空间基因差异性对比

　　建筑高程属于建筑空间基因，反映村落界域范围内的建筑基于高程的分布规律。建筑高程基因 P 值为 0.080＜0.1，说明回族村落、撒拉族村落和保安族村落的建筑高程在10％水平上存在显著差异；其效应量 Cohen's f 值为 0.841，整体表现为大幅度差

异。村落建筑随高程变化的分布规律情况在前文已有论述，从建筑高程箱线图可知，回族村落建筑高程的中位数和平均值显著高于撒拉族村落和保安族村落。这是由于回族村落所在的湟水流域作为黄河上游的一级支流，在河湟地区范围内的相对海拔高于黄河流域；回族村落主要分布在湟水流域的浅山地区，而撒拉族村落和保安族村落主要分布在黄河流域的川水地区，村落选址的位置决定了其建筑高程的差异。此外，对于同处黄河谷地川水地带的撒拉族村落和保安族村落而言，保安族村落建筑高程普遍高于撒拉族村落，这也源于保安族选址建村时"藏身于山"的考量。

由此可以看出，河湟地区不同流域具有藏传佛教共同信仰的藏族村落和土族村落的空间形态在公共空间、建筑空间和特色空间基因上呈现出一定的差异性，更多地表现出受地域环境影响的"在地性"空间风貌特征；不同流域具有伊斯兰教共同信仰的回族村落、撒拉族村落和保安族村落的空间形态仅在建筑高程基因方面表现出差异，其村落整体空间肌理呈现出显著的"趋同效应"。这也间接表明，伊斯兰教信仰不仅作为一种文化形态和生活制度规范着信仰者的思想和行为模式，同时在其物质家园空间构建中也发挥着重要的指导作用，相较藏传佛教而言，伊斯兰教对村落空间形态影响更大。

5.3 河湟地区传统村落空间秩序综合评价

5.3.1 综合评价方法的基础研究

传统村落的空间形态表征通过空间基因呈现，而空间基因序列反映了村落内部空间结构逻辑，因此，村落的空间秩序蕴匿在村落的空间基因序列中。就单个空间基因量化数据来看，其对空间秩序的表征结果不一，综合评价方法可对河湟地区传统村落的空间秩序现状进行整体性解读，同时，可通过评价结果优选各民族的典型村落作为范本，对指导当地传统村落的保护、建设与发展具有积极意义。

河湟地区传统村落空间形态所包含的基因要素与信息多样复杂，评价方法的选择对其空间秩序开展科学、客观的研究具有重要意义。环境科学和城乡规划研究中常用的评价方法主要有层次分析法、灰色关联分析法、模糊综合评价法、数据包络分析法、TOPSIS 法等，不同方法根据分析问题的不同在适用范围上有所差异（表 5-12）。

常用评价方法比较 表 5-12

评价方法	优点	缺点	应用方向
层次分析法	结构清晰、明确、适合多目标、多准则的评价分析，实用性强	以定性分析为主,定量分析较少,评级指标较多时权重计算较复杂,不能为决策提供新的方案	多目标、多准则、多方案的决策分析

评价方法	优点	缺点	应用方向
灰色关联分析法	系统动态历程的量化分析,适用于样本量小的评价分析	在对各因素的最优值确定过程中主观性较强,存在最优值难以确定的问题	在包含多种因素的系统中,对各因素进行主次分析与各因素间关系的分析
模糊综合评价法	对模糊的对象采用精确的量化数据进行评价,信息量大且贴近实际	模糊计算流程复杂,对指标权重的确定存在主观性,指标较多时易造成评价失败	评价因素复杂、存在不确定性的领域中,定性与定量因素相结合
数据包络分析法	善于评估复杂生产系统效率,权重由 DEA 模型获得,减少了主观的判断	无法给出具体的建议,对效率低下的系统分析结果不准确	投入、产出明确的企业管理,对生产力进行衡量
神经网络分析法	通过自学习、自适应的方式寻找最优解,对未来发展进行预测	分析结果的准确性依赖学习样本的数量与质量,移植应用性能不强	处理非线性问题,实现仿真、预测、图像识别等
TOPSIS 法	在没有目标函数及有多组评价对象时能够很好地刻画多个影响指标的综合影响力度并进行排序,评价结果客观准确	评价准确性取决于最优解、最劣解,对评价标准的依赖性强	评价指标复杂、评价标准明确的多对象综合评价

通过对不同评价方法的对比分析,TOPSIS 法在没有目标函数及有多组评价对象时能充分利用原始数据的信息,采用余弦法找出有限方案中的最优方案和最劣方案,然后分别计算各评价对象与最优方案和最劣方案间的距离,获得各评价对象与最优方案的相对接近程度,以此作为评价优劣的依据,评价结果更加客观准确[168-169]。结合河湟地区传统村落空间基因信息的研究方法与评价分析需求,本研究采用"熵权—TOPSIS"法对河湟地区传统村落空间秩序进行综合评价。

5.3.2　熵权—TOPSIS 法评价计算

TOPSIS 法的基本思想是对原始数据同趋势化后构建归一化矩阵,计算评价对象与最优向量和最劣向量的差异,以此测度评价对象的差异。

（1）确定评价指标变量及方向

本研究将决定河湟地区传统村落空间秩序的界域空间、公共空间、街道空间、建筑空间和特色空间五个空间维度的 22 个空间基因作为评价指标变量。TOPSIS 法要求特征序列为定量变量且分为正向指标变量和负向指标变量,结合河湟地区传统村落空间形态表征信息库的类型特征对空间秩序评价指标进行"正—负"方向划分（表 5-13）。

界域空间基因呈现村落边界空间的形状及形态特征,将团状表征确定为正向,带状表征确定为负向;将简单规则确定为正向,复杂自由确定为负向。因此,长宽比、形状偏离度、规则度和复杂度 4 个基因均为负向指标变量。

公共空间基因反映村落室外公共空间和院落空间的风貌表征，其中孔隙率、院落规模和空间率3个基因的量化数据越大越好，均为正向指标变量。将破碎度的规则表征确定为正向，自由表征确定为负向，则破碎度基因为负向指标变量。

街道空间基因形成了村落空间体系的骨架和脉络，除空间熵基因为负向指标变量外，街网线密度、街网面密度、整合度、选择度和智能度基因均为正向指标变量。

建筑空间基因是构成村落空间秩序中最为人直观感知的实体空间，其中居住空间规模基因为正向指标变量；将"疏、低、平"定为正向，"密、高、斜"定为负向，故空间占据率、建筑高程和建筑坡度基因均为负向指标变量。

特色空间基因是村落地域特色和民族文化的空间秩序呈现，统一以"近"为正向，"远"为负向，则崇拜基因、亲水基因和社交基因均是负向指标变量。

（2）数据同趋势化和归一化处理

根据河湟地区传统村落空间基因基础数据库对空间秩序评价指标量化数据进行同趋势化和归一化处理。原始数据矩阵由河湟地区20个传统村落样本的22个空间秩序评价指标组成，见式（5-1）。

$$A = \{W_{ij}\} \tag{5-1}$$

其中 W_{ij} 为第 i 个村落的第 j 个评价指标的原始数值（$i=1$，2，3，…，20；$j=1$，2，3，…，22）。

首先，对所有负向指标进行正向化处理，见式（5-2）。

$$W'_j = W_j^{\max} - W_j \tag{5-2}$$

其中，W'_j 为第 j 个评价指标正向化后的数值；$W_j^{\max}$ 为第 j 个评价指标数列的原始最大值，W_j 为 j 个评价指标的原始数值。

其次，对所有空间秩序评价指标数据进行归一化处理，见式（5-3）。

$$Z_{ij} = W'_{ij} / \sqrt{\sum_{i=1}^{f} W'^2_{ij}} \tag{5-3}$$

其中 W'_{ij} 为第 i 个村落的第 j 个评价指标正向化后的数值（$i=1$，2，3，…，20；$j=1$，2，3，…，22）。

基于处理后的数据构建评价指标归一化数据矩阵，见式（5-4）。

$$A' = \{Z_{ij}\} \tag{5-4}$$

其中 Z_{ij} 为第 i 个村落的第 j 个评价指标归一化后的数值（$i=1$，2，3，…，20；$j=1$，2，3，…，22）。

（3）熵权法确定空间基因指标权重

熵权法是一种常用的客观赋权方法，根据指标的变异程度确定指标的权重值，指标的变异程度越大，所反映的信息量越多，其对应的权重也相对越高，反之则越低。本书采用熵权法确定河湟地区传统村落空间秩序各项评价指标权重。

首先，对各项指标原始数据进行标准化处理，当指标为正向变量时，其标准化公式为（5-5）。

$$W_{ij} = \frac{W_{ij} - W_{ij}^{\min}}{W_{ij}^{\max} - W_{ij}^{\min}} \tag{5-5}$$

当指标为负向变量时，其标准化公式为（5-6）。

$$W_{ij} = \frac{W_{ij}^{\max} - W_{ij}}{W_{ij}^{\max} - W_{ij}^{\min}} \tag{5-6}$$

其次，为了统一和方便计算，对标准化后存在的极小值和负值进行转换消除处理，见式（5-7）。

$$W_{ij}'' = H + W_{ij} \tag{5-7}$$

其中，W_{ij}'' 为转换后的评价指标数值（$i=1$，2，3，…，20；$j=1$，2，3，…，22）；H 为转换幅度，通常取 1。

采用比例法对所有指标转化后的数值进行无量纲化处理，见式（5-8）。

$$K_{ij} = W_{ij}'' / \sum_{i=1}^{n} W_{ij}'' \tag{5-8}$$

确定第 j 个评价指标的信息熵 e_j 和信息效用值 d_j，信息效用值越大，其对应的信息就越多，见式（5-9，5-10）。

$$e_j = -\frac{1}{\ln n} \sum_{i=1}^{n} K_{ij} \ln K_{ij} (j=1, 2, 3, \cdots, 22) \tag{5-9}$$

$$d_j = 1 - e_j \tag{5-10}$$

确定每个评价指标的熵权，见式（5-11）：

$$E_j = d_i / \sum_{i=1}^{n} d_j (j=1, 2, 3, \cdots, 22) \tag{5-11}$$

将熵权与归一化矩阵相乘，可得到评价指标加权归一化数据矩阵，见式（5-12）。

$$D_{ij} = E_j A' \tag{5-12}$$

其中，E_j 为第 j 个评价指标的熵权（$j=1$，2，3，…，22）。

（4）计算各评价指标与最优及最劣向量之间的差距

定义第 i 个村落样本与正理想解的距离 D_i^+，见式（5-13）。

$$D_i^+ = \sqrt{\sum_{j=1}^{n} \left[D_{ij} - \max(D_{ij}) \right]^2} \tag{5-13}$$

定义第 i 个村落样本与正理想解的距离 D_i^-，见式（5-14）。

$$D_i^- = \sqrt{\sum_{j=1}^{n} \left[D_{ij} - \min(D_{ij}) \right]^2} \tag{5-14}$$

研究对象的 D^+ 值越大，说明与最优解距离越远；D^- 值越大，说明与最劣解距离越远。最理想的研究对象是 D^+ 值越小的同时 D^- 值越大。

（5）评价村落样本与最优方案的接近程度

计算各传统村落空间秩序评价指标结果与最优方案接近程度的综合得分 C_i，见式

(5-15)。

$$C_i = \frac{D_i^-}{D_i^+ + D_i^-} \tag{5-15}$$

C_i 取值在 $[0,1]$ 区间范围内，C_i 越接近 1，表明该村落空间秩序越接近最优方案；反之，C_i 越接近，表明该村落空间秩序越接近最劣方案。

5.3.3 河湟地区传统村落空间秩序综合评价结果

通过熵权法确定各项空间基因指标权重，见表 5-13。

空间基因指标权重及"正一负"方向   表 5-13

空间维度	评价指标	信息熵值 e	信息效用值 d	熵权（%）	指标方向
界域空间	长宽比	0.972	0.028	1.925	—
	形状偏离度	0.978	0.022	1.523	—
	规则度	0.976	0.024	1.664	—
	复杂度	0.97	0.03	2.1	—
公共空间	孔隙率	0.965	0.035	2.45	+
	破碎度	0.919	0.081	5.6	—
	院落规模	0.922	0.078	5.386	+
	空间率	0.948	0.052	3.634	+
街道空间	街网线密度	0.861	0.139	9.609	+
	街网面密度	0.854	0.146	10.107	+
	全局整合度	0.939	0.061	4.258	+
	局部整合度	0.952	0.048	3.303	+
	选择度	0.846	0.154	10.643	+
	智能度	0.976	0.024	1.64	+
	空间熵	0.939	0.061	4.21	—
建筑空间	空间占据率	0.958	0.042	2.886	—
	居住空间规模	0.949	0.051	3.501	+
	建筑高程	0.899	0.101	6.97	—
	建筑坡度	0.971	0.029	2.014	—
	建筑空间秩序	0.919	0.081	5.639	+
特色空间	崇拜基因	0.981	0.019	1.341	—
	亲水基因	0.904	0.096	6.633	+
	社交基因	0.957	0.043	2.965	—

熵权法的权重计算结果显示，从村落整体空间形态体系来看，空间基因指标权重最大值为选择度（10.643%），最小值为崇拜基因（1.341%）。从各空间维度来看，界

域空间权重最大的基因指标是复杂度（2.1%）；对公共空间影响最大的基因指标分别是破碎度（5.6%）和院落规模（5.386%）；控制街道空间结构的基因指标主要有选择度（10.634%）和街网面密度（10.107%）；影响建筑空间格局最主要的基因指标有建筑高程（6.97%）和建筑空间秩序（5.639%）；特色空间形态受亲水基因（6.633%）影响最大。

　　基于"熵权—TOPSIS"法对河湟地区传统村落空间秩序的综合评价结果见表5-14。由评价结果可以看到河湟地区20个传统村落样本空间秩序的综合排名，瓜什则村最高，下排村最低。空间秩序的评价结果实际上表征着村落社会形态的逻辑性和民族特色的显著性，相对城镇或其他新农村的规划建设通常是由第三方力量（如政府）介入的他组织产物，虽然河湟地区传统村落为少数或局部也有一定的规划痕迹，但大部分还是以村落自身力量和民族意识形态为主导，呈现出自下而上演化形成的自组织结果。整体来看，综合评价结果与笔者实地调研的总体印象是吻合的，排名靠前的村落其空间形态都呈现出鲜明的地域和民族特色，且受到普遍认可，如大庄村是全国唯一的撒拉族历史文化名村；大墩村、甘河滩村是全国具有代表性的保安族少数民族特色村寨。前4名中，藏族、回族、撒拉族和保安族村落各占其一，村落民族属性的辨识度很高。土族村落总体排名相对居中，村落空间形态表现出更多的在地性，最高排名是第8位的张家村，是始建于明代且至今仍延续传统生活方式的土族村落代表。根据河湟地区传统村落空间秩序的综合评价结果，可选取瓜什则村、塔尔湾村、张家村、大庄村和大墩村分别作为藏族、回族、土族、撒拉族和保安族村落空间形态的典型示范村。

河湟地区传统村落空间秩序综合评价结果　　　　　　　　表5-14

村落名	民族属性	正理想解距离（D^+）	负理想解距离（D^-）	综合得分（C）	排名
瓜什则村	藏族	0.218842526	0.323410023	0.596419553	1
大庄村	撒拉族	0.268105598	0.277959186	0.509022361	2
塔尔湾村	回族	0.28676611	0.266263966	0.481463808	3
大墩村	保安族	0.26746908	0.242709748	0.475734654	4
甘河滩村	保安族	0.320771776	0.271815576	0.458692841	5
塔加一村	藏族	0.308056387	0.218820078	0.41531572	6
扎毛村	藏族	0.301546949	0.208591316	0.408891726	7
张家村	土族	0.332383855	0.226533356	0.405307533	8
索卜滩村	土族	0.321644655	0.213900244	0.399406744	9
尖巴昂村	藏族	0.314377207	0.208607247	0.398878486	10
哇麻村	土族	0.328620872	0.217050882	0.39776822	11
北庄村	土族	0.312259419	0.195127906	0.384573868	12
赞上村	撒拉族	0.351312236	0.216811028	0.381626738	13
下庄村	撒拉族	0.317372618	0.195763465	0.381503994	14

村落名	民族属性	正理想解距离(D^+)	负理想解距离(D^-)	综合得分(C)	排名
阿河滩村	撒拉族	0.326803522	0.194492743	0.37309445	15
洪水泉村	回族	0.350889198	0.199962246	0.363005758	16
支哈加村	藏族	0.320302693	0.182403904	0.362843665	17
塔沙坡村	撒拉族	0.336442828	0.180822917	0.349574506	18
塔加二村	藏族	0.346938777	0.181719222	0.343736825	19
下排村	藏族	0.340627673	0.177390253	0.342440375	20

将各传统村落的"典型示范村—核心空间基因—基因片段"三个维度的空间信息进行叠合提取，可得到各传统村落核心空间基因序列结构的量化阈值区间范围，用以指导和推进河湟地区各传统村落空间文脉保护和特色风貌塑造。

藏族村落核心空间基因阈值范围：长宽比 [1，1.5]，形状偏离度 [0，1.7]，规则度 (1.5833，2.0287]，复杂度 (1.0707，1.1081]，空间率 (36.8%，45%]，全局整合度 (1.008，1.428] 且 $R^2 \in$ [0.7，1)，选择度 (447.01，3103.19]，空间熵 (2.2511，2.6235]，空间占据率 (35.9%，52%]，社交基因 (21.33m，27.41m]。

回族村落核心空间基因阈值范围：形状偏离度 [0，1.7]，孔隙率 [0，48.1%]，空间率 (26.2%，36.8%]，街网线密度 (0.017，0.021]，街网面密度 (0.066，0.085]，全局整合度 (1.008，1.428]，局部整合度 (1.419，1.734]，智能度 [0.7，1)，空间熵 [0，2.2511]，亲水基因 (500m，+∞)。

土族村落核心空间基因阈值范围：长宽比 [1，1.5]，孔隙率 (76.6%，84.9%]，空间占据率 [0，24.8%]，建筑坡度 (6°，15°]，居住空间规模 (280.11m²，393.5m²]。

撒拉族村落核心空间基因阈值范围：院落规模 [0，149.88m²]，街网线密度 (0.021，0.027]，街网面密度 (0.085，0.108]，全局整合度 (0.747，1.008] 且 $R^2 \in$ [0.5，0.7)，空间熵 [2.6235，3.0035]，亲水基因 [0，500m]，社交基因 [0，21.33m]。

保安族村落核心空间基因阈值范围：形状偏离度 [0，1.7]，规则度 (1.5833，2.0287]，复杂度 (1.0707，1.1081]，破碎度 (1.35，2]，街网线密度 [0，0.017]，街网面密度 [0，0.066]，局部整合度 (1.419，1.734] 且 $R^2 \in$ [0.7，1)，建筑坡度 (2°，6°]，空间占据率 (24.8%，35.9%]，居住空间规模 (280.11m²，393.5m²]。

第六章

河湟地区传统村落空间基因遗传策略研究

6.1.1 历史原真性原则

《乡土建筑遗产保护》中强调:"保护乡土建筑遗产的原真性,不仅包含建筑、结构和空间组合的物质形态,还在于使用它们和理解它们的方式,以及附着在它们身上的传统和无形的非物质因素"[170]。这一保护准则在传统村落空间基因的遗传保护中亦具有普适性价值,二者均承担着地域空间结构信息的传递功能。《乡土建筑遗产保护》也进一步明确传统聚落原真性保护的三维内涵,即"原生聚落形态系统的完整性、在地居民生产生活方式的延续性、主体对空间遗产的认知与维护机制"。基于此,河湟地区传统村落空间基因遗传保护的首要原则,在于维系其所承载民族遗产的村落空间文脉的原真性。

在实践层面需建立双重保障机制:其一,物质形态原真性维护。严格遵循最小干预原则,规避大拆大建等破坏性建设行为,禁止缺乏历史依据的重构与仿造,确保传统营造技艺与物质遗存的真实性。其二,文化内涵原真性传承。通过建立商业开发强度阈值模型,控制空间异化进程;构建民族宗教仪式与社会关系的动态保护体系,实现文化基因的活性延续。

6.1.2 风貌完整性原则:系统论视角下的遗产保护

国际自然保护联盟(IUCN)提出的"完整性原则"在建成环境保护领域具有跨学科适用性。该原则同样适用于传统村落空间基因的遗传保护,旨在维护村落空间整体风貌的有形与无形完整性，即保护传统村落在空间整体风貌上的有形完整[171]，构建传统村落空间基因完整性评价体系。该体系包含"物质—非物质"双重维度：物质维度涵盖自然生态基底、空间拓扑结构、传统建（构）筑物集群、基础设施网络等要素的系统性保全；非物质维度聚焦民族民俗文化谱系、传统生计模式、口述历史等文化因子的活态传承。特别需要建立生长控制导则，对新建、修缮等行为应当实施空间基因匹配度评估，通过建立经济价值与文化价值的均衡模型，遏制开发性破坏现象。

6.1.3　生活延续性原则：活态遗产理论的应用

区别于静态遗产的保存范式，河湟地区传统村落本质上是多民族共生发展的空间载体，是"活态的文化遗产"，其价值源于持续演进的生活及文化实践。因此，传统村落"必须是人们仍然生活其中的、必须是继续发展的，这是其最重要的特点，保护也必须适应这一特点"[172]。若没有原住村民居住，空间就失去了生命的延续，村落也失去了存在的意义。基于活态遗产理论，保护策略应遵循：第一，维持空间功能复合性，确保居住主体与物质空间的互动关系；第二，建立文化自适应机制，允许民族传统文化在环境调适中进行创新性转化；第三，构建跨民族文化交流平台，促进文化基因的协同进化。

6.1.4　保护优先与可持续发展相结合原则：生态位理论下的发展平衡

保护优先与可持续发展是传统村落和民族文化得以传承最根本的指导思想和必要路径。河湟地区传统村落自然环境丰富多样，地形、景观与村落相互交错，构筑出与众不同的自然与人文融合的景观。在遗传保护过程中，要注意保护村落周边的地形地貌和生态环境，保护村落周围自然景观风貌。传统村落和民族文化遗产在当代有很大的发展利用价值，但必须进行科学利用。例如，有一些村落适合进行旅游项目的开发利用，有一些仅能适度进行局部发展等，应当始终秉持可持续发展理念。

构建"保护—发展"的辩证框架是空间基因存续的根本保障。河湟地区特有的"山地—河谷"复合生态系统要求建立三维保护体系：垂直向度维系地形地貌的原生性，水平向度控制村落扩张边界，时间向度保障文化演进的连续性。实施层面需建立遗产价值评估体系，根据村落基因特征制定差异化保护策略：对高敏感性聚落实施限制性开发，对适应性较强聚落则采用针灸式更新策略。例如，对于生态阈值较高的村落，可建立基于游客容量模型的文旅开发机制，实现文化价值向经济价值的良性转化。所有干预措施均需符合生命周期评估（LCA）标准，确保代际公平的文化传承机制。

6.2　河湟地区传统村落空间基因遗传机制与应用策略

6.2.1　河湟地区传统村落空间基因遗传机制

现代生命科学研究揭示了生物基因的遗传过程主要包括"编码—复制—表达"三个核心环节。具体而言，生物信息首先通过编码进行储存，随后对遗传信息进行复制，并最终通过性状表达实现遗传信息的具象化呈现[173]。借鉴生物基因的遗传原理，本书进一步探讨传统村落空间基因的遗传机制。

（1）编码机制：空间基因信息的结构化存储

编码指将特定信息按照既定规则转化为代码的过程。空间基因编码本质上是对形态要素进行参数化拓扑建模的过程，从而承载并传递稳定的空间组合模式信息。这些信息涵盖了形态要素间的比例构成、序列组织、拓扑结构等多个维度。以河湟地域的传统村落为例，庄廓院落可视为基于相似空间要素，在差异化的比例关系下编码形成的复合体。不同村落中，居住建筑与院落的比例关系各异，进而编码出各具特色的居住空间规模与院落规模基因。

（2）复制机制：空间基因信息的传递与延续

复制是指以原始信息为模板，制作一份或多份与其信息一致的复制件的过程。在河湟地区传统村落的营建过程中，各类形态信息可以通过空间基因这一媒介，在共时性和历时性两个维度上传播并实现复制，从而完成空间基因信息的遗传。值得注意的是，空间基因的复制并非简单的形态关系或样式的照搬，而是对"村落空间—自然环境—社会人文"三者协同作用下的地域性传统村落空间特质的延续与发展。特别是对核心空间基因序列结构的"特色—互馈"呈现，体现了在特定发展背景下传统村落的生长信息与文化的传播。因此，复制过程的关键在于实现传统村落空间基因信息的传递与延续，而非单纯的形式模仿。

（3）表达机制：空间基因信息向空间形态的物化

表达是将信息转化为物质形态的过程。在生物领域，基因通过指导蛋白质的合成来控制生物性状，蛋白质作为生命活动的承担者和体现者，实现了基因信息的具象化表达。类似地，空间基因通过直接控制形态要素组合的结构，进而调控传统村落的形态风貌。这一过程通常涉及多个基因对形态的协同控制，呈现出复杂的交互作用。此外，空间基因在与"新的村落空间—自然环境—民族文化"三者之间的协同互动过程中，还会对传统村落形态的细节产生影响。这种动态的表达机制不仅体现了空间基因对传统村落形态的主导作用，还反映了其在适应环境变化和文化演进中的灵活性与适应性。

6.2.2 河湟地区传统村落空间基因信息资源整合

本研究基于空间基因组构理论框架，系统整合了河湟地区传统村落的空间基因量化数据、数字化表征及图谱化信息，构建了具有存储、管理、可扩展与动态更新功能的空间基因信息遗传体系。该体系实现了空间风貌类型的全面覆盖与形态数据类型的标准化整合，为传统村落的空间形态研究提供了系统化的理论支撑。

6.2.2.1 空间基因信息遗传指标整合

（1）空间形态控制指标整合

基于我国现行乡村规划法规与标准体系，本研究提取了与空间形态相关的控制指标，并将其纳入河湟地区传统村落空间基因信息遗传体系。该体系整合了空间占据率、院落规模、崇拜距离、社交距离等对于村落空间形态和肌理具有约束作用的空间基因指标，为传统村落规划建设中的形态风貌控制提供了量化依据。随着乡村规划理论与实践的不断发展，该指标体系可通过动态更新机制保持其时效性与适用性。

（2）空间风貌引导指标整合

为保持河湟地区传统村落空间风貌的民族性与地域性特征，本研究采用 K-means 聚类算法对不同空间维度的基因信息进行量化统计，通过系统聚类方法实现了传统村落空间形态类型的科学分类。该方法在确保村落风貌特色的同时，有效避免了"千村一面"的同质化现象。研究基于既有城乡形态研究成果，建立了可扩展的空间基因数据库，为村落空间风貌的保护与规划提供了量化指导。

（3）空间信息大数据分析

空间基因数据作为传统村落空间风貌研究的基础信息资源，具有显著的结构化特征与"遗传"价值。通过数字化存储与整合，建立了可扩展的空间基因数据库。基于空间基因序列图谱分析，揭示了核心空间基因序列的结构模式，为传统村落整体风貌格局的保护与自然生态环境的维护提供了科学依据，有效彰显了传统村落的地域文化特色。

6.2.2.2 空间基因信息图谱资源整合

（1）现状影像资源整合

对河湟地区传统村落现状影像资源进行整合的目的在于：①系统收集河湟地区传统村落空间形态的地域性资料，直观呈现区域村落空间风貌特征；②为保护规划与设计工作者提供前期研判依据，包括空间形态、环境现状与风貌特征等；③构建传统村落空间的"原始基因图谱"，为空间形态信息挖掘提供基础数据支撑。随着研究的深入，需对该图谱进行多次反复的信息挖掘与价值提取。

（2）空间基因片段可视化资源整合

基于空间基因量化数据的聚类统计分析结果，本研究运用 ArcGIS 平台实现了空间基因片段形态表征的可视化处理。通过整合典型村落样本的空间基因片段，构建了直观展现村落整体空间风貌信息的空间形态类型图谱。该图谱展示了不同民族村落通过空间基因片段排列组合形成的独特风貌景观。

（3）空间基因序列图谱信息整合

空间基因序列图谱通过图示化方法呈现了空间基因相关性分析结果，揭示了河湟地区传统村落空间风貌的地域性与民族性塑造规律。图谱节点与空间维度相对应，为传统村落空间文脉的传承与优化提供了科学指导。通过优势基因的遗传与劣势基因的优化，实现了传统村落空间文脉的延续与空间质量的提升。例如，在保持传统风貌的前提下，对开放空间、街巷空间及院落空间进行气候适应性优化设计，显著提升了村民的空间舒适度。

6.2.3　河湟地区传统村落空间风貌特质识别

空间基因信息的识别、提取与解析为河湟地区传统村落空间风貌特质的量化识别提供了方法论支撑。基于传统村落空间演进规律，可延续其传统空间脉络，保护具有民族文化特色、地域环境特征及空间结构特点的空间风貌特质。

6.2.3.1　空间基因分布特质识别

河湟地区传统村落空间风貌具有显著的民族个性与流域特性，不同民族、不同流域范围内的村落空间风貌呈现出差异化的自组织原理。通过空间基因信息的分布规律分析，可将风貌格局划分为风貌区、风貌片区、重点风貌地段与风貌廊道等结构层次。结合地形地貌特征、民族文化要素及城乡关系等多维度因素，采用流域尺度和信仰尺度对传统村落进行空间辨识与特征提取，并依据村落空间形态的区域性结构特征，可实现传统村落空间风貌特色的精准识别与重点凸显。

6.2.3.2　空间基因片段特质识别

空间基因片段的特质识别是对河湟地区传统村落空间形态与风貌表征的系统解析。通过聚类分析方法，将同一空间基因的形态信息量化数据划分为具有不同形态表征的基因片段，相同基因片段内的村落样本在特定空间维度上表现出相似的形态特征。基于空间基因量化信息与空间形态类型图谱的辅助分析，从界域空间、公共空间、街道空间、建筑空间与特色空间等五个维度进行形态要素的特征识别，结合传统村落发展的客观需求与居民主观意愿，可对各类空间基因采取遗传、修复、进化与优化等差异化保护策略。

6.2.3.3 空间基因序列特质识别

基于空间基因序列图谱的传统村落空间形态结构特质识别，是在尊重村落空间演化与组织逻辑的基础上，维护乡土景观风貌格局原真性与整体性的有效途径。村落样本的空间基因序列信息揭示了空间构成的重点基因与组构框架的核心关系链。通过空间基因序列图谱的结构关系与量化数据分析，可确定核心空间基因序列结构模式及空间形态类型，进而识别传统村落的特色空间序列与组合方式。河湟地区传统村落空间风貌塑造应着重突出民族与地域特色，而空间基因序列图谱所反映的特色空间构成信息，为核心空间基因序列结构模式的确定提供了科学依据，为传统村落特色空间风貌的塑造提供了理论指导。

6.2.4 河湟地区传统村落空间基因遗传导引

传统乡村空间规划与设计通常包含田野调查、资料分析、规划导控和方案设计等系统性流程。然而，在实践过程中，规划工作者往往因设计周期等因素限制，忽视既有客观条件与现存空间风貌信息，倾向于采用固定空间形态模式，导致"千村一面"与"城乡一貌"现象。典型案例可见河湟地区少数民族特色村寨德吉村（藏族）和班彦村（土族）的异地重建项目。该项目简单套用"方格路网"与"N轴N带"模式，未能体现藏族村落"嵌入式"生长模式、"含蓄性"社交空间及"敬水畏水"文化特质，也忽视了土族村落逐层发散的空间格局特征（图6-1）。尤其值得注意的是，作为藏传佛教村落核心要素的玛尼康等宗教建筑缺失，佛塔、经幡等仅作为装饰符号存在，引发当地居民广泛诟病，导致村落空间风貌的地域性与民族性特征严重缺失。

德吉新村(藏族)　　　　　　　　班彦新村(土族)

图 6-1　德吉村和班彦村异地重建项目

针对具有鲜明空间形态特征的村落，规划建设过程中应优先考虑传统空间风貌的保护与传承。对于因决策失误导致的村落形态异化问题，应采取基因修复措施；对无法满足当代需求的空间形态，则可通过基因更新或优化进行改造。空间基因信息遗传导引机制的建立，有助于识别、挖掘与传承传统村落的在地性空间基因，重塑特色空间风貌，维系村落空间与自然环境、民族文化间的和谐共生关系。

6.2.4.1　空间基因信息遗传导引

河湟地区传统村落作为自组织演化的少数民族聚居空间，其空间风貌塑造具有显著的自发性与一致性的特征。在整体形态、空间肌理及生活场所等方面，应以空间基因片段作为风貌延续的评判依据，维持既有格局，延续空间脉络。新增建设活动需严格管控，确保遵循村落空间演化逻辑，重点保护核心空间基因序列结构模式，实现空间基因信息的"遗传稳定性"，从而保障传统村落空间文脉的原真性。

以德吉村（藏族）和班彦村（土族）重建项目为例，新建村落整体风貌的规划营造应将空间基因作为约束目标，基于藏族与土族村落的核心空间基因序列结构，以量化阈值区间作为设计导控依据，实现空间基因信息的"民族遗传"；非核心空间基因则可结合自然环境与人文环境进行"弹性设计"，塑造适宜的个性化村落空间风貌。

6.2.4.2　空间基因信息修复导引

河湟地区传统村落空间形态具有生态脆弱性，易受环境灾害、人口流失及缺乏维护等因素影响，导致空间肌理断裂与破坏。在村落的现代化进程中，传统空间系统与标志性景观逐渐弱化，民族文化特征在空间风貌中的体现日益薄弱。村落空间尺度较小，空间的负面问题与现象往往会被放大到直接影响村落整体风貌的程度。利用河湟地区传统村落空间基因信息数据库与空间基因信息图谱可对传统村落空间风貌进行修复，其修复导引流程包括：空间基因信息提取、片段参考及形态比对与反馈三个步骤。修复工作需综合考虑街巷网络密度、建筑空间秩序及院落规模等空间基因指标，在延续整体空间格局的基础上，实现空间优化与特色强化。

空间基因的修复不应局限于单一的二维层面，而应综合考虑空间场所氛围的营造与空间活力的提升。这一过程是在整体空间格局延续的基础上，对村落空间进行优化与特色强化。因此，修复工作需要结合河湟地区传统村落的空间形态信息表征库和空间基因信息图谱，依据相关参考表征与图样信息，不仅引导村落空间风貌的复原，而且同时实现空间场所的优化。

6.2.4.3　空间基因信息进化导引

乡村建设中保护与发展的矛盾突出，空间基因生成过程中伴随新信息的出现，导致村落空间演进中出现变异或进化现象。这种进化可能源于自然资源依赖性的空间衍生，也可能受到城镇化进程的影响。例如，某一民族的村落在空间形态表征上可能表现出与其他同民族村落不同的空间基因特征，或者在某一地理流域中，部分村落的空间形态可能与其他处于相同地理范围内的村落存在显著差异。这些现象反映了村落空间基因在演化过程中的复杂性和多样性。一方面，村落空间的自下而上演化过程对自然资源和交通资源具有显著的依赖性，空间实体往往沿着资源分布方向延展生长。自然或人为灾害引发的外部环境剧烈变化，会对村落空间形态风貌产生显著影响。另一方面，中国快速的城镇化进程为村落发展提供了新的机遇，但同时也带来了诸多挑战，如村落的大规模拆建、城镇风貌对村落空间的渗透等。这些问题导致村落空间与原有肌理不协调，形成了与民族性和地域性截然不同的进化表征，对河湟地区传统村落的形态风貌产生了深远影响。

通过对传统村落样本的空间基因量化数据进行不定期检测，识别出空间肌理进化差异较大的空间基因。结合空间基因片段进行比对分析，深入研究其进化成因与特征。这一过程有助于全面了解村落空间基因的演变规律。对进化结果进行评估，判断其对村落生存与发展的影响。对具有积极作用的进化结果予以保留，对产生消极影响的则制定修复或再生策略。

6.2.4.4 空间基因信息优化导引

在维持传统空间与乡土景观的同时，结合当代使用需求进行空间优化，是推动河湟地区传统村落振兴的有效途径。通过提取特色空间风貌进行优化强化，形成"宜居则居、宜农则农、宜游则游、宜工则工"的功能系统，引导村落风貌的特色化与差异化发展。具体而言：

（1）宏观层面：基于空间基因形态类型图谱确定风貌类型，提取核心空间序列结构模式；

（2）中观层面：根据空间基因序列确定基因片段，优化空间形态表征；

（3）微观层面：利用空间基因信息数据库，强化核心空间序列的风貌特征与空间品质。

6.3 河湟地区传统村落空间基因遗传保护与有机发展策略

自1972年《联合国人类环境会议宣言》首次明确提出全球环境治理的合作理念[176]，至1993年第18次世界建筑师大会中强调"为争取持久未来的相互依赖"的宗旨[177]，再到21世纪人居环境科学研究的深入发展，全球学术界都在积极探索人与环境和谐共生的可持续发展路径。在中国语境下，何镜堂院士提出的"两观三性"理论，为建筑创作中实现人、建筑与环境的和谐统一提供了理论框架[178]。本研究基于"两观三性"视角，系统探讨河湟地区传统村落空间基因遗传保护与有机发展策略。

6.3.1　河湟地区传统村落的地域性发展

河湟地区传统村落的空间尺度与河湟谷地地域环境呈现出显著的互构关系，在长期历史演进过程中形成了相对稳定的生态平衡系统。传统村落的社会生产生活以河湟地域为物质载体，以民族文化为精神内核，充分体现了地域性特征。

从社会形态维度考察，传统村落的社会职能需要通过地域性表达得以实现。当前面临双重挑战：其一，少数民族群体在现代社会发展中面临身份认同困境；其二，小农经济收益低下导致劳动力外流，村落"空心化"现象严重。这些因素不仅影响村落振兴发展，更导致物质空间形态退化与空间基因信息流失。因此，河湟地区传统村落的空间形态发展应注重物质空间与文化认同的协同演进，实现地域性与民族性空间形态的适应性发展。

6.3.2　河湟地区传统村落的文化性发展

文脉同国脉相连[179]。文化多样性发展一直是人类文明可持续发展的关注重点[180]。受中国几千年农耕文明的影响，中国传统聚落通常体现出自然风水与地域文化的结合，这种文化性在传统村落中表现为对自然环境的尊重与利用。传统村落的风水理论与少数民族的生态自然观相互呼应，成为村落文化性研究的重要视角。

河湟地区传统村落的营建实践体现了本民族生态自然观，传承了多元文化特征。然而，当前传统民族文化的认同与传承意识呈现弱化趋势。为此，本研究提出构建"双圈层"文化发展模型：将传统民族特征属性归类为河湟基础文化圈，现代新兴文化特征属性归类为河湟次要文化圈。传统民族文化具有较高的稳定性，现代新兴文化具有较强的活力性，通过两大文化圈的有机融合，既保持传统民族文化稳定性，又注入现代文化活力，从而激活河湟地区空间文脉，彰显文化独特性。

6.3.3　河湟地区传统村落的时代性发展

民族要复兴，乡村必振兴。乡村振兴是实现民族复兴的重要战略。2021 年中央一号文件《中共中央　国务院关于全面推进乡村振兴加快农业农村现代化的意见》的发布，以及《中华人民共和国城乡规划法》的相关规定，已将传统村落保护与发展纳入国家战略体系。特别是被列为中国少数民族特色村寨、国家历史文化名村、中国传统村落的聚落，将成为传统村落保护与发展的重点研究对象。

面对城镇化、工业化、信息化的时代挑战，河湟地区传统村落发展面临严峻考验。国家统计局数据显示，农业及相关产业占 GDP 比重从 2008 年的 11.31% 降至 2019 年的 7.1%，反映出传统农业经济的衰退趋势。这导致农村青壮年人口流失，建筑空置率攀升（部分地区高达 70%）[181]，人口老龄化与经济萧条问题凸显。因此，亟须通过空间结构研究，分析不同形态类型的空间基因特征，制定适应时代发展的策略体系。

第七章

结　语

　　本研究基于人居环境科学的理论框架，通过跨学科研究方法对河湟地区传统村落空间基因展开系统性研究，构建了具有地域特色的空间基因理论体系。研究采用"宏观—中观—微观"多尺度分析范式，整合地理信息系统、空间句法、生态冗余分析等定量方法，实现了传统村落空间形态特征的数字化解析与基因图谱化表达，为地域性人居环境研究提供了新的方法论视角。

　　核心理论建构体现为三个维度：其一，揭示了河湟地区传统村落的地域空间分布特征、主导各民族村落分布的主控因子及民族共生地区的空间格局效应，为理解河湟地区传统村落的形成与发展机制提供了关键线索。其二，构建了"空间基因信息数据库—信息图谱—遗传机制"三位一体的研究体系，通过建立包含地理环境信息库、基因基础数据库和形态表征库的复合型数据库，实现了传统村落空间信息的全要素存储与可视化表达。其三，提出了"空间基因组构框架"理论模型，将传统村落的空间形态要素解构为可量化分析的空间基因片段，并通过"熵权—TOPSIS"法确立了空间基因序列的阈值区间，形成具有操作性的遗传保护指标体系。

　　在实践层面，本研究通过建立民族差异性空间基因序列图谱，为传统村落保护规划提供了科学依据。藏族村落的"山体适应性布局"基因、撒拉族村落的"亲水性街巷"基因等典型空间基因的识别，为不同民族村落的特色风貌保护确立了基准参数。研究提出的"编码—复制—表达"空间基因遗传机制，有效解决了传统保护实践中"原真性保护"与"有机更新"的协同难题，为乡村振兴背景下的村落更新提供了可操作路径。

　　值得关注的是，本研究在方法学层面实现了三大突破：首先，创新性引入生态冗余理论进行空间格局主控因子识别，突破了传统定性分析的局限性；其次，采用多源异构数据融合技术，实现了物质空间形态与非物质文化要素的关联分析；最后，构建的空间基因信息图谱系统，为数字人文研究提供了可扩展的技术平台。这些方法论创新为人居环境研究的数字化转型提供了示范样本。

　　展望未来研究，建议从三个维度深化拓展：其一，构建"建筑—人"交互层面的空间基因分析模型，重点探究行为模式对空间形态的塑造机制；其二，开发基于人工智能的空间基因模拟系统，实现传统村落更新方案的智能生成与效果预判；其三，建立跨流域比较研究框架，通过黄河流域与长江流域传统村落空间基因的对比分析，揭示中华文明多元一体格局下的聚落演化规律。随着数字孪生、元宇宙等新技术的应用，传统村落空间基因研究将在文化遗产保护、特色村镇建设等领域发挥更重要的理论指导作用，为人居环境科学的学科发展注入新的活力。

参考文献

[1] 住房和城乡建设部村镇建设司. 乡村建设是乡村振兴的重要载体, 着力点是农房和村庄建设现代化 [J]. 建设科技, 2021, 427 (7): 9.

[2] 中办国办印发《乡村建设行动实施方案》[N]. 人民日报, 2022-05-24 (001).

[3] Gerstein M B, Bruce C, Rozowsky J S, et al. What is a gene, post-ENCODE? History and updated definition [J]. Genome Research, 2007, 17 (6): 669-681.

[4] 段进, 邵润青, 兰文龙, 等. 空间基因 [J]. 城市规划, 2019, 43 (2): 14-21.

[5] 钱振澜, 王竹, 裘知, 等. 城乡"安全健康单元"营建体系与应对策略——基于对疫情与灾害"防-适-用"响应机制的思考 [J]. 城市规划, 2020, 44 (3): 6.

[6] 肖大威, 陈晨, 耿虹, 等. 乡村振兴 学术笔谈 [J]. 南方建筑, 2020, 196 (2): 56-61.

[7] 吴良镛. 人居环境科学导论 [M]. 北京: 中国建筑工业出版社, 2001.

[8] 刘滨谊. 人居环境研究方法论与应用 [M]. 北京: 中国建筑工业出版社, 2016.

[9] 陈锦棠, 姚圣, 田银生, 等. 形态类型学理论以及本土化的探明 [J]. 国际城市规划, 2017, 32 (2): 8.

[10] 段进, 邱国潮. 国外城市形态学研究的兴起与发展 [J]. 城市规划学刊, 2008 (5): 9.

[11] 比尔·希利尔, 朱利安妮·汉森. 空间的逻辑 [M]. 杨滔, 封晨, 盛强, 等译. 北京: 中国建筑工业出版社, 2019.

[12] 比尔·希利尔. 空间是机器 [M]. 杨滔, 张佶, 王晓京, 译. 北京: 中国建筑工业出版社, 2008.

[13] 张愚, 王建国. 再论"空间句法"[J]. 建筑师, 2004 (3): 12.

[14] 张述林. 文化地理学 [J]. 地理译报, 1987, 6 (3): 58-58.

[15] 丁雯娟, 周剑云, 魏开. 乡村聚落空间形式研究综述 [J]. 小城镇建设, 2013 (9): 4.

[16] 何峰. 湘南汉族传统村落空间形态演变机制与适应性研究 [D]. 长沙: 湖南大学, 2012.

[17] 宋爽. 中国传统聚落街道网络空间形态特征与空间认知研究 [D]. 天津: 天津大学, 2014.

[18] 白吕纳. 人地学原理 [M]. 任美锷, 李旭旦, 译. 南京: 钟山书局, 1935.

[19] 张小林, 金其铭, 陆华. 中国社会地理学发展综述 [J]. 人文地理, 1996 (S1): 118-122.

[20] Hall R B. Some rural settlement forms in Japan [J]. Geographical Review, 1931, 21 (1): 93-123.

[21] Sinha V N P. Chota Nagpur Plateau: A Study in Settlement Geography [M]. New Delhi: K. B. Publications, 1976.

[22] 严钦尚. 西康居住地理 [J]. 地理学报, 1939 (00): 45-60.

[23] 朱炳海. 西康山地村落之分布 [J]. 地理学报, 1939 (00): 40-43.

[24] 李旭旦. 白龙江中游人生地理观察 [J]. 地理学报，1941（00）：1-18.

[25] 胡振洲. 聚落地理学 [M]. 台湾：三民书局，1977.

[26] 金其铭. 中国农村聚落地理 [M]. 南京：江苏科学技术出版社，1989.

[27] 李和平，贺彦卿，付鹏，等. 农业型乡村聚落空间重构动力机制与空间响应模式研究 [J]. 城市规划学刊，2021（1）：8.

[28] 程连生，冯文勇，蒋立宏. 太原盆地东南部农村聚落空心化机理分析 [J]. 地理学报，2001，56（4）：10.

[29] 郭晓东，马利邦，张启媛. 陇中黄土丘陵区乡村聚落空间分布特征及其基本类型分析：以甘肃省秦安县为例 [J]. 地理科学，2013，33（1）：7.

[30] 郑文升，姜玉培，罗静，等. 平原水乡乡村聚落空间分布规律与格局优化：以湖北公安县为例 [J]. 经济地理，2014，34（11）：8.

[31] 刘彦随，刘玉，陈玉福. 中国地域多功能性评价及其决策机制 [J]. 地理学报，2011，66（010）：1379-1389.

[32] 李平星，陈雯，孙伟. 经济发达地区乡村地域多功能空间分异及影响因素：以江苏省为例 [J]. 地理学报，2014，69（6）：11.

[33] 房艳刚，刘继生. 基于多功能理论的中国乡村发展多元化探讨：超越"现代化"发展范式 [J]. 地理学报，2015，70（2）：14.

[34] 原广司 世界聚落的教示100 [M]. 于天祎，刘淑梅，译. 马千里，王昀，校. 北京：中国建筑工业出版社，2003.

[35] 藤井明. 聚落探访 [M]. 宁晶，译. 北京：中国建筑工业出版社，2003.

[36] 段进，邱国潮. 国外城市形态学概论 [M]. 南京：东南大学出版社，2009.

[37] 阿摩斯·拉普卜特. 建成环境的意义：非言语表达方法 [M]. 黄兰谷，译. 北京：中国建筑工业出版社，2003.

[38] 刘敦桢. 中国住宅概说：传统民居 [M]. 武汉：华中科技大学出版社，2018.

[39] 彭一刚. 传统村镇聚落景观分析 [M]. 北京：中国建筑工业出版社，1992.

[40] 张玉坤. 聚落·住宅-居住空间论 [D]. 天津：天津大学，1996.

[41] 王昀. 传统聚落结构中的空间概念 [M]. 北京：中国建筑工业出版社，2009.

[42] 王鲁民，张帆. 中国传统聚落极域研究 [J]. 华中建筑，2003，21（4）：3.

[43] 段进，季松，王海宁. 城镇空间解析：太湖流域古镇空间结构与形态 [M]. 北京：中国建筑工业出版社，2002.

[44] 段进，龚恺，陈晓东，等. 空间研究1：世界文化遗产西递古村落空间解析 [M]. 南京：东南大学出版社，2006.

[45] 段进，揭明浩. 空间研究4：世界文化遗产宏村古村落空间解析 [M]. 南京：东南大学出版社，2009.

[46] 戈登·威利. 聚落与历史重建：秘鲁维鲁河谷的史前聚落形态 [M]. 谢银玲，曹小燕，黄家豪，李雅淳，译. 上海：上海古籍出版社，2018.

[47] 卡尔，W. 布策尔，李非，等.《作为人类生态学的考古学》（节译）[J]. 华夏考古，1993（3）：103-108.

[48] Clarke D. Spatial Archaeology [M]. New York：Academic Press，1977：3-9.

[49] 欧文·劳斯，潘艳，陈洪波．考古学中的聚落形态 [J]．南方文物，2007，63（3）：94-98＋93．

[50] 张光直，胡鸿保，周燕．考古学中的聚落形态 [J]．华夏考古，2002（1）：24．

[51] 严文明．聚落考古与史前社会研究 [J]．文物，1997（6）：10．

[52] 张忠培．聚落考古初论 [J]．中原文物，1999（1）：3．

[53] 符奎．秦汉农业聚落的形态与耕作技术：以三杨庄遗址为中心的探讨 [D]．郑州：郑州大学．

[54] 李默然．马岭遗址后冈一期文化聚落与社会 [D]．武汉：武汉大学，2017．

[55] 朴真浩．夏家店下层文化聚落，经济与社会形态研究 [D]．北京：中国社会科学院研究生院，2020．

[56] 吴立，王心源，周昆叔，等．巢湖流域新石器至汉代古聚落变更与环境变迁 [J]．地理学报，2009，64（1）：59-68．

[57] 王竹．王竹自述 [J]．世界建筑，2016，311（5）：31＋124．

[58] 苑思楠．城市街道网络空间形态定量分析 [D]．天津：天津大学，2012．

[59] 杨扬．城市形态基因作为城市设计空间生成的依据：以柏林为例研究城市形态学理论在城市设计空间生成中的应用 [D]．上海：同济大学，2009．

[60] 王树声．中国城市山水风景"基因"及其现代传承：以古都西安为例 [J]．城市发展研究，2016（12）．

[61] 王翼飞．黑龙江省乡村聚落形态基因研究 [D]．哈尔滨：哈尔滨工业大学，2021．

[62] 杨立国，刘沛林，林琳．传统村落景观基因在地方认同建构中的作用效应：以侗族村寨为例 [J]．地理科学，2015．

[63] 张鸽娟，徐娅，韩怡．过渡性地理环境下的陕南古镇景观基因分析与表达研究 [J]．西北大学学报（自然科学版），2014，44（4）：6．

[64] 向远林，曹明明，秦进，等．基于精准修复的陕西传统乡村聚落景观基因变异性研究 [J]．地理科学进展，2020，39（9）：1544-1556．

[65] 鄢阳，黄淑娟，刘昌庆．文化基因视角下黔东南传统村落的保护与发展策略研究：以雷山格头村为例 [J]．中外建筑，2019（12）：4．

[66] 郭谌达，周俭．基于"城市人"理论的文化基因视角下传统村落空间特征研究：以张谷英村为例 [J]．上海城市规划，2020（1）：5．

[67] 陈怡，吕昂．基于基因理论的传统乡土建筑传承 [J]．建筑与文化，2019（8）：3．

[68] 徐煜辉，魏宁．基因重组：基于文化资源整合的城市设计方法：以云南元江县滨江片区为例 [J]．华中建筑，2013，31（5）：6．

[69] 王静如．基于文化基因视角的乡土建筑研究：以西文兴村为例 [J]．建筑与文化，2020（5）：2．

[70] 龙庆忠．穴居杂考 [J]．中国营造学社汇刊，1934，5（1）：57-68．

[71] 刘致平．云南一颗印 [J]．华中建筑，1996，14（3）：7．

[72] 李婧．中国建筑遗产测绘史研究 [D]．天津：天津大学，2015．

[73] 张仲一，曹见宾，傅高杰，等．徽州明代住宅 [M]．北京：建筑工程出版社，1957．

[74] 同济大学建筑工程系建筑研究室．苏州旧住宅参考图录 [M]．上海：同济大学教材科，1958．

[75] 费孝通．乡土中国 [M]．上海：生活·读书·新知三联书店，1985．

[76] 刘沛林．古村落：和谐的人聚空间 [M]．上海：生活·读书·新知三联书店，1980．

[77] 陈志华．楠溪江中游古村落 [M]．上海：生活·读书·新知三联书店，1999．

[78] 陆元鼎，杨谷生．中国民居建筑 [M]．广州：华南理工大学出版社，2003．

[79] 李立. 乡村聚落：形态，类型与演变 以江南地区为例 [M]. 南京：东南大学出版社，2007.

[80] 杜佳，华晨，余压芳. 传统乡村聚落空间形态及演变研究：以黔中屯堡聚落为例 [J]. 城市发展研究，2017，24（2）：7.

[81] 毕硕本，计晗，陈昌春，等. 地理探测器在史前聚落人地关系研究中的应用与分析 [J]. 地理科学进展，2015（1）：10.

[82] 陈丹丹. 基于空间句法的古村落空间形态研究：以祁门县渚口村为例 [J]. 城市发展研究，2017，24（8）：6.

[83] 孙莹，肖大威，王玉顺. 传统村落之空间句法分析：以梅州客家为例 [J]. 城市发展研究，2015（5）：8.

[84] 童磊. 村落空间肌理的参数化解析与重构及其规划应用研究 [D]. 杭州：浙江大学，2016.

[85] 杜相佐，王成，蒋文虹，等. 基于引力模型的村域农村居民点空间重构研究：以整村推进示范村重庆市合川区大柱村为例 [J]. 经济地理，2015，35（12）：154-160.

[86] 张艳粉，刘科问，陈伟强. 基于 AHP 和 GIS 的中心村建设选址研究：以巩义市西村镇为例 [J]. 地域研究与开发，2013（3）：151-155.

[87] 龙瀛，金晓斌，李苗裔，等. 利用约束性 CA 重建历史时期耕地空间格局：以江苏省为例 [J]. 地理研究，2014（12）：12.

[88] Yang X，Pu F. Cellular Automata for Studying Historical Spatial Process of Traditional Settlements Based on Gaussian Mixture Model：A Case Study of Qiaoxiang Village in Southern China [J]. International Journal of Architectural Heritage，2018：1-21.

[89] 孙静，陈紫娟. 基于系统动力学的黑龙江乡村旅游高质量发展研究 [J/OL]. 中国农业资源与区划，2023，44（1）：206-213.

[90] 王军. 西北民居 [M]. 北京：中国建筑工业出版社，2009.

[91] 靳亦冰. 农业转型视角下西北旱作区传统乡村聚落更新营建模式研究 [D]. 西安：西安建筑科技大学，2013.

[92] 崔文河. 青海多民族地区乡土民居更新适宜性设计模式研究 [D]. 西安：西安建筑科技大学，2015.

[93] 令宜凡. 民族文化影响下青海循化撒拉族乡村聚落空间形态研究 [D]. 西安：西安建筑科技大学，2017.

[94] 柯熙泰. 安多藏区传统聚落与民居建筑研究 [D]. 西安：西安建筑科技大学，2015.

[95] 何积智. 城镇化进程中河湟地区乡村聚落的变迁与转型 [D]. 西安：西安建筑科技大学，2014.

[96] 贾梦婷. 街子河流域川水型传统乡村聚落空间格局研究 [D]. 西安：西安建筑科技大学，2018.

[97] 牛奥运. 河湟谷地史前聚落分布与耕地格局演变 [D]. 泉州：华侨大学，2018.

[98] 郭星. 河湟地区土族村落景观研究 [D]. 北京：北京林业大学，2014.

[99] 崔妍. 地域文化视角下青海海东地区传统村落景观研究 [D]. 西安：西安建筑科技大学，2014.

[100] 宋祥. 青海河湟地区山地庄廓聚落景观形态研究 [D]. 西安：西安建筑科技大学，2016.

[101] Chen F. Typomorphology and the crisis of Chinese cities [J]. Urban Morphology，2008，12（2）：131-133.

[102] 凌建勋，凌文轻，方俐洛. 深入理解质性研究 [J]. 社会科学研究，2003（01）：151-153.

[103] Dobson J E，Bright E A，Coleman P R，et al. LandScan：a global population database for estima-

ting populations at risk [J]. Photogrammetric Engineering & Remote Sensing: Journal of the A-merican Society of Photogrammetry, 2000 (7): 66.

[104] Xu X L, Zhang Y Q. China Meteorological background data set. Data registration and publishing system of data center of resources and environment science [J]. Chin Acad Sci, 2017.

[105] Xu X. China GDP spatial distribution kilometer grid data set [J]. Data Registration and publishing System of Resources and Environmental Sciences Data Center, Chinese Academy of Sciences, 2017, 10: 2017121102.

[106] 余亮, 刘佳, 丁雨倩, 等. 中国 2555 个传统村落空间分布数据集 [J]. 全球变化数据学报 (中英文), 2018, 2 (02): 144-150+267-273.

[107] 余亮, 丁雨倩, 唐铭婕, 等. 中国新增 1598 个传统村落空间分布数据集 [J]. 全球变化数据学报 (中英文), 2019, 3 (02): 155-160+215-220.

[108] 余亮, 唐铭婕, 付蒙, 等. 中国再增 2666 个传统村落空间分布数据集 [J]. 全球变化数据学报 (中英文), 2022, 6 (01): 19-24+178-183.

[109] 卓玛措. 青海地理 [M]. 北京: 北京师范大学出版社, 2010.

[110] 杨文炯. 人类学视阈下的河湟民族走廊: 中华文化多元一体格局的缩影 [J]. 青海民族大学学报 (社会科学版), 2015, 41 (1): 7.

[111] 童恩正. 试论我国从东北至西南的边地半月形文化传播带 [J]. 文物与考古论集. 北京: 文物出版社, 1986: 252-278.

[112] 费孝通. 中华民族多元一体格局 (修订本) [M]. 北京: 中央民族大学出版社, 1999.

[113] 陈育宁. 民族史学概论 [M]. 宁夏: 宁夏人民出版社, 2001.

[114] Clark P J, Evans F C. Distance to nearest neighbor as a measure of spatial relationships in populations [J]. Ecology, 1954, 35 (4): 445-453.

[115] Pinder D A, Witherick M E. Nearest-neighbour analysis of linear point patterns [J]. Tijdschrift voor economische en sociale geografie, 1973, 64 (3): 160-163.

[116] 李凤岐, 张波, 樊志民. 黄土高原古代农业抗旱经验初探 [J]. 农业考古, 1984 (2): 9.

[117] 全国农业区划委员会. 土地利用现状调查技术规程 [M]. 北京: 测绘出版社, 1984.

[118] 赵永琪, 田银生. 贵州少数民族特色村寨的空间分布及影响因素 [J]. 小城镇建设, 2019, 37 (8): 71-78.

[119] 佟玉权, 龙花楼. 贵州民族传统村落的空间分异因素 [J]. 经济地理, 2015 (3): 6.

[120] 国家民委网. 关于印发少数民族特色村寨保护与发展规划纲要 (2011—2015 年) 的通知 [EB/OL]. 2012. https://www.neac.gov.cn/seac/xxgk/201508/1066225.shtml

[121] 康璟瑶, 章锦河, 胡欢, 周珺, 熊杰. 中国传统村落空间分布特征分析 [J]. 地理科学进展, 2016 (7): 12.

[122] 宋玢, 任云英, 冯森. 黄土高原沟壑区传统村落的空间特征及其影响要素: 以陕西省榆林市国家级传统村落为例 [J]. 地域研究与开发, 2021, 040 (002): 162-168.

[123] 刘志林, 丁银平, 角媛梅, 等. 中国西南少数民族聚居区聚落分布的空间格局特征与主控因子分析: 以哈尼梯田区为例 [J]. 地理科学进展, 2021, 40 (2): 15.

[124] 魏珍, 张凤太, 张译, 等. 贵州少数民族特色村寨时空分布特征与影响因素分析 [J]. 贵州民族研究, 2021 (1): 9.

［125］程乾，凌素培．中国非物质文化遗产的空间分布特征及影响因素分析［J］．地理科学，2013，33（10）：7.

［126］杨燕，胡静，刘大均，等．贵州省苗族传统村落空间结构识别及影响机制［J］．经济地理，2021（2）：9.

［127］邓祖涛，陆玉麒，尹贻梅．我国山地垂直人文带研究综述［J］．热带地理，2004，24（3）：5.

［128］贾鑫，李峯，崔梦淳，等．河湟谷地藏族和其他主要民族分布的地理环境特征及其生产方式差异［J］．SCIENTIA SINICA Terrae，2010，40（40）：1164.

［129］陈紫兰．传统聚落形态研究［J］．规划师，1997.

［130］李东，许铁铖．空间、制度、文化与历史叙述：新人文视野下传统聚落与民居建筑研究［J］．建筑师，2005（3）：10.

［131］扬·盖尔．交往与空间［M］．北京：中国建筑工业出版社，2002.

［132］凯文·林奇．城市意象［M］．方益萍，何晓军，译．北京：华夏出版社，2001.

［133］彭建，王仰麟，张源，等．土地利用分类对景观格局指数的影响［J］．地理学报，2006，61（2）：12.

［134］McGarigal K，Marks B J. Spatial pattern analysis program for quantifying landscape structure［J］. Gen. Tech. Rep. PNW-GTR-351. US Department of Agriculture，Forest Service，Pacific Northwest Research Station，1995：1-122.

［135］姜丹．新疆和田河流域传统村镇聚落形态演化研究［M］．北京：中国建筑工业出版社，2016.

［136］浦欣成．传统乡村聚落二维平面整体形态的量化方法研究［D］．杭州：浙江大学，2012.

［137］谈文琦，徐建华，岳文泽等．城市景观空间自相关与自相似的尺度特征研究［J］．生态学杂志，2005（06）：627-630.

［138］土木工程名词审定委员会．土木工程名词［M］．北京：科学出版社，2004.

［139］Galster G，Hanson R，Ratcliffe M R，et al. Wrestling sprawl to the ground：defining and measuring an elusive concept［J］. Housing policy debate，2001，12（4）：681-717.

［140］Mandelbrot B B，Mandelbrot B B. The fractal geometry of nature［M］. New York：WH freeman，1982.

［141］Qie R Q，Liu F M. Study on changes in landscape pattern of land use based on fractal theory：a case study of Zhenlai Town of Zhenlai County［J］. Research of Soil and Water Conservation，2013，20（2）：217-222.

［142］Thomas I，Frankhauser P，Biernacki C. The morphology of built-up landscapes in Wallonia（Belgium）：A classification using fractal indices［J］. Landscape and urban planning，2008，84（2）：99-115.

［143］Shen G. Fractal dimension and fractal growth of urbanized areas［J］. International Journal of Geographical Information Science，2002，16（5）：419-437.

［144］Zhou B，Rybski D，Kropp J P. The role of city size and urban form in the surface urban heat island［J］. Scientific reports，2017，7（1）：1-9.

［145］Liu J，Zhang L，Zhang Q，et al. Spatiotemporal evolution differences of urban green space：A comparative case study of Shanghai and Xuchang in China［J］. Land Use Policy，2022，112：105824.

［146］王青．城市形态空间演变定量研究初探：以太原市为例［J］．经济地理，2002，22（3）：3.

[147] 苑思楠. 基于网络密度参量的城市街道空间几何性特征定量分析方法 [J]. 建筑与文化，2016 (6)：3.

[148] LI Y，ZHANG J，YU C. INTELLIGENT MULTI-OBJECTIVE OPTIMIZATION METHOD FOR COMPLEX BUILDING LAYOUT BASED ON PEDESTRIAN FLOW ORGANIZATION [J]. INTELLIGENT & INFORMED，2019，15：271.

[149] 中华人民共和国住房和城乡建设部. 城市综合交通体系规划标准：GB/T 51328—2018 [S]. 北京：中国建筑工业出版社，2019.

[150] 许昊皓. 湖南地域聚落空间构型研究 [D]. 长沙：湖南大学，2014.

[151] 刘凯，廖晨阳，陈一，等. 布瓦羌寨聚落空间特征量化研究 [J]. 建筑与文化，2018 (12)：3.

[152] 吕静，徐凯恒，王爱嘉. 基于量化模型的聚落空间分布适宜性研究：以吉林省蛟河市为例 [J]. 城市建筑，2017 (7)：5.

[153] 冯文兰，周万村，李爱农，等. 基于 GIS 的岷江上游乡村聚落空间聚集特征分析：以茂县为例 [J]. 长江流域资源与环境，2008，17 (1)：5.

[154] 付强，杨壮，董锁成，等. 河南省国家级传统村落空间可达性及影响因素研究 [J]. 河南师范大学学报（自然科学版），2021，49 (6)：82-90.

[155] 冀正欣，许月卿，黄安，等. 冀北山区"三生"空间识别与演化特征分析：以张家口市为例 [J]. 北京大学学报（自然科学版），2022，58 (1)：12.

[156] 浦欣成，王竹，高林，等. 乡村聚落平面形态的方向性序量研究 [J]. 建筑学报，2013 (5)：5.

[157] 陈顺伟. 论信仰方式与信仰心态的内外在逻辑关系 [J]. 理论导刊，2015 (2)：4.

[158] 曹娅丽，邸平伟. 水文化遗产与民间信仰 [J]. 民族艺术研究，2018，31 (4)：8.

[159] 金盛华. 人际空间与人际交往：微观社会生态学导引 [J]. 社会学研究，1997 (1)：5.

[160] 于冬亮. 住区交往空间研究 [D]. 上海：同济大学，2007.

[161] 张晨，张正岩，马彪. 如何促进易地扶贫搬迁户的社会融入：基于社交距离视角的分析 [J]. 南京农业大学学报（社会科学版），2022，22 (6)：12.

[162] 官钰，李泽新，杨琬铮. 乡村生活圈范围测度方法与优化策略探索：以雅安市汉源县为例 [J]. 规划师，2020，36 (24)：21-27.

[163] 史宜，李婷婷，杨俊宴. 基于手机信令数据的城市滨水空间活力研究：以苏州金鸡湖为例 [J]. 风景园林，2021，28 (1)：31-38.

[164] 陈述彭. 地学信息图谱探索研究 [M]. 北京：商务印书馆，2001.

[165] 何泉. 西藏乡土民居建筑文化研究 [M]. 北京：中国建筑工业出版社，2017.

[166] 辛鑫，路红，夏青，等. 藏民族水文化对聚落空间的影响研究 [J]. 西部人居环境学刊，2020，35 (5)：125-131.

[167] 王嘉萌. 青海撒拉族篱笆楼民居营建技艺保护与传承研究 [D]. 西安：西安建筑科技大学，2017.

[168] 鲁春阳，文枫，杨庆媛，等. 基于改进 TOPSIS 法的城市土地利用绩效评价及障碍因子诊断：以重庆市为例 [J]. 资源科学，2011，33 (3)：7.

[169] 文洁，刘学录. 基于改进 TOPSIS 方法的甘肃省土地利用结构合理性评价 [J]. 干旱地区农业研究，2009 (4)：6.

[170] 陈志华. 乡土建筑遗产保护 [M]. 合肥：黄山书社，2008.

[171] 西村幸夫. 城市风景规划 [M]. 张松，蔡敦达，译. 上海：上海科学技术出版社，2005.

[172] 单霁翔. 乡土建筑遗产保护理念与方法研究（下）[J]. 城市规划，2009（1）：57-66.

[173] Siddhartha M. The Gene：An Intimate History [M]. New York：Scribner，2016.

[174] 段进，姜莹，李伊格，等. 空间基因的内涵与作用机制 [J]. 城市规划，2022（046-003）.

[175] Wu J. Effects of changing scale on landscape pattern analysis：scaling relations [J]. Landscape ecology，2004，19：125-138.

[176] 徐晓峰. 联合国三次人类环境会议宣言比较分析 [J]. 科技展望，2014（13）.

[177] 张钦楠. 芝加哥宣言：为争取持久未来的相互依赖 [J]. 建筑学报，1993（9）：6.

[178] 何镜堂. 基于"两观三性"的建筑创作理论与实践 [J]. 华南理工大学学报（自然科学版），2012，40（10）：8.

[179] 吴良镛. 21 世纪建筑学的展望 "北京宪章" 基础材料 [J]. 华中建筑，1998，16（4）：18.

[180] 吕斌，杨保军，张泉，等. 城镇特色风貌传承和塑造的困与惑 [J]. 城市规划，2019，43（3）：59-66.

[181] 张丽. 西北民族走廊汉藏交融地带乡村社会变迁研究 [D]. 兰州：兰州大学，2021.

致　谢

在本专著撰写和完善过程中，笔者有幸获得了众多师长、同行及家人的支持与帮助。在此，谨以最诚挚的谢意，向所有为本专著的完成贡献智慧与力量的单位与个人致以深深的敬意。

首先，衷心感谢我的导师敬成君教授的悉心指导。敬教授不仅以其高瞻远瞩的人生理念和严谨务实的科研精神，为我的学术研究指明了方向，而且以其前沿的学术视野和扎实的理论功底，潜移默化地培养了我独立思考和科学探索的能力。他在治学方法、科研态度及为人处世等各方面的言传身教，均对我的学术成长产生了深远而持久的影响。

其次，特别感谢东京大学胡昂教授的指导。正是在胡教授的引领下，我得以步入"聚落宗"的学术殿堂，对聚落形态与演化研究产生浓厚兴趣，并以此为本书的重要学术起点。博士求学期间，有幸承蒙两位教授的悉心教诲，不仅塑造了我的研究体系，也奠定了本书的理论基石，这将成为我一生珍贵的学术财富。

同时，我也深表谢意于四川大学的周波教授和李沄璋教授。在课题研讨与学术交流中，二位教授所提供的精准指点和建设性意见，使本专著的研究方向更加明确，论述内容日臻完善。他们严谨求实的治学风范和深入浅出的讲解方式，使我受益匪浅。

此外，感谢人居环境研究所的各位同仁。你们在学术交流中的热情讨论与严谨求实的工作作风，为本专著的理论构建和方法论探讨提供了坚实支撑。感谢胡·藤井研究室的同仁们，在求索与思辨的岁月里，我们携手同行，共享学术探索的喜悦，这段经历亦成为我科研生涯中宝贵的记忆。

深深感谢我的父母，以博大无私的爱默默支持我的求学之路。每念及未能及时报答养育之恩，内心愧疚不已。感恩我的妻子，正是有你的理解与付出，才使我得以全心投入学术研究，无后顾之忧。感谢我的一双儿女，是你们让我深刻体悟亲情的珍贵，赋予我奋斗的动力与意义。

谨以此书，寄托我对学术探索的执着，也铭记所有曾给予我帮助与支持的人。未来，我将继续秉持初心，砥砺前行，以更深入的研究回馈学术界。

二〇二五年正月于兰州·星衍阁